4

Band 21 · April 1985

isotopenpraxis

AKADEMIE-VERLAG

ISSN 0021-1915 Isotopenpraxis, Berlin 21 (1985) 4, 113–152

EVP 9,– M

ISOTOPENPRAXIS

herausgegeben von J. Mühlenpfordt, Berlin

unter Mitwirkung von M. F. Abdel-Wahab, Khartum · O. Charamza, Olomouc · Z. Dienstbier, Praha · L. Herforth, Dresden · V. K. Iya, Bombay · W. Kodjukow, Moskau · M. Melnikowa, Leningrad · V. Mercea, Cluj · R. Münze, Rossendorf · S. Muždeka, Beograd · M. Radwan, Swierk · A. I. Schatenstein, Moskau · H. R. Schütte, Halle · P. Têtényi, Budapest · K. Unger, Quedlinburg · S. Varga, Bratislava · G. Vormum, Berlin

REDAKTIONSAUSSCHUSS: H.-J. Altenbrunn, Berlin · E. Becker, Magdeburg · W. Dietzsch, Dresden · D. Herrmann, Berlin · J. Holzhey, Freiberg · H. Hübner, Leipzig · K. Irmer, Dresden · P. Krumbiegel, Leipzig · P. Mühl, Dresden · S. Niese, Rossendorf · R. Otto, Leipzig · U. Prösch, Berlin · G. Reinhard, Dresden · H. Scheel, Berlin · K. Wagner, Berlin

REDAKTIONSSEKRETÄR: Frau H. Neumann, Berlin

An unsere Autoren

Die Zeitschrift veröffentlicht Beiträge zu folgenden Themen: Kontrolle und Analyse radioaktiver und stabiler Isotope, Anwendung radioaktiver und stabiler Isotope in allen Gebieten der Forschung und Technik, der Industrie, Landwirtschaft und Medizin, Herstellung radioaktiver und stabiler Isotope sowie von markierten Verbindungen, kernelektronische Geräte für die Isotopenanwendung (Dickenmesser, Dichtemesser u. ä.) Detektoren für isotopentechnische Arbeiten und den Strahlenschutz in Isotopenlaboratorien, Meßtechnik und Strahlenschutz, Dosimetrie in Isotopenlaboratorien, kerntechnische Geräte für die Isotopenanwendung (Beton, Bestrahlungsanlagen u. ä.), Strahlenchemie, Radiochemie, ökonomische und perspektivische Fragen, Fragen der Weiterbildung.

1. Aufnahme von Manuskripten

Zur Veröffentlichung angenommen werden nur druckreife, noch nicht anderweitig publizierte Beiträge in deutscher, englischer oder russischer Sprache zum Themenbereich der Zeitschrift und zwar

Originalarbeiten
Kurze Mitteilungen
Aus der Praxis
Zusammenfassende Berichte
Tagungsberichte
Informationen.

Sind der Beitrag oder Teile daraus bereits veröffentlicht oder ist eine anderweitige Veröffentlichung vorgesehen, so muß dies der Redaktion mit genauer Angabe der Zweitveröffentlichung mitgeteilt werden. Mit der Annahme des Manuskriptes behält sich der Verlag das Recht der Vervielfältigung, Verbreitung und Übersetzung innerhalb der gesetzlichen Schutzfrist vor. Auszugsweiser Nachdruck oder photomechanische u. a. Wiedergabe sind an eine schriftliche Genehmigung des Verlages gebunden. Manuskripte, Zeichnungen und Photos von veröffentlichten Arbeiten werden nur auf den besonderen und bis zum Zeitpunkt der Veröffentlichung mitgeteilten Wunsch des Autors zurückgesandt.

Bei der unverlangten Einreichung von Manuskripten wird empfohlen, eine Befürwortung eines der Herausgeber oder Redaktionsausschußmitglieder beizufügen.

Manuskripte sind einzureichen bei der Redaktion, 1086 Berlin, Leipziger Str. 3–4.

2. Form der Manuskripte

Die Autoren werden gebeten:

2 Manuskripte, eines davon in Original-Maschinenschrift, einseitig und mit 2zeiligem Abstand einzureichen; gut leserliche Photokopien sind zulässig; auf dem 1. Blatt (unter Weglassung der Bezeichnung)

den Titel der Arbeit
Vorname-Initialen und Namen sämtlicher Autoren
gegebenenfalls die Institution, in der sie tätig sind
eine kurze Zusammenfassung der Arbeit von höchstens 15 Zeilen
Keywords in alphabetischer Reihenfolge und
als Fußnote die Anschrift der Institution anzugeben;

wenn möglich, auf gesonderten Blättern Namen, Titel der Arbeit und Zusammenfassung in den beiden anderen obengenannten Sprachen 2fach beizufügen;

Literaturhinweise (fortlaufend numeriert), Fußnoten, Tabellen, Abbildungen (in 2–3facher Veröffentlichungsgröße), Abbildungsunterschriften (getrennt von den Abbildungen mit Zeichenerklärungen, Quellenangaben, falls erforderlich, und gegebenenfalls mit einem Vermerk für besondere Wünsche bezüglich der Abbildungsgröße), private und Dienstanschrift der Verfasser mit akademischen Titeln und ausgeschriebenen Vornamen auf besonderen Blättern ans Ende des Manuskriptes zu stellen;

Wünsche für den Kolumnentitel (Seitenüberschrift) bekanntzugeben;

Absätze durch Einzüge von mindestens 3 Anschlägen kenntlich zu machen; die Maßeinheiten des SI-Systems („Systeme International") zu verwenden; Korrekturen im Manuskript unmittelbar an der zu korrigierenden Stelle anzubringen;

Formeln deutlich lesbar und möglichst groß einzutragen;

Farbabbildungen und nachträgliche Änderungen oder Ergänzungen in Abbildungen zu vermeiden;

hervorzuhebende Textstellen zu unterstreichen, und zwar halbfetten Satz mit einer geraden schwarzen Linie, kursiven Satz (Schrägschrift) mit einer blauen Wellenlinie (alle Eigennamen). Sperrungen gestrichelt;

besondere Buchstaben durch farbige Unterstreichung zu kennzeichnen, und zwar Formelzeichen in

Griechisch-Kursiv (α, β, ...) rot,
Kursiv (A, B, ...) blau
halbfetter Kursiv ($\boldsymbol{A}$, $\boldsymbol{B}$, ...) 2 Linien blau (Vektoren),
halbfetter Grotesk ($\mathbf{A}$, $\mathbf{B}$, ...) 2 Linien violett (Tensoren);

bei Literaturangaben auf Vollständigkeit zu achten. In nachstehender Reihenfolge müssen angegeben sein:

a) bei *Zeitschriften*: Vorname-Initialen und Namen sämtlicher Autoren, Titel der Zeitschrift (nach „Periodica Chimica" oder möglichst wenig gekürzt), Bandnummer (unterstrichen), Jahreszahl (in Klammern) Heftnummer (nur bei Zeitschriften, die jedes Heft mit S. 1 beginnen) sowie die Seitenzahl, auf der die zitierte Arbeit beginnt.

b) bei *Büchern*: Initialen der Vornamen und Name des Autors (Herausgeber werden durch den Zusatz „ed." gekennzeichnet), voll ausgeschriebener Titel des Buches in der Originalsprache, evtl. Bandnummer, voll ausgeschriebener Name des Verlages, Nummer der Auflage (außer der ersten), Erscheinungsort(e), Erscheinungsjahr (hier nicht in Klammern setzen!) und evtl. Kapitelnummer, Seitenzahl u. ä.

c) bei *Sammelbänden, Tagungsberichten*: Es soll zusätzlich der Titel des zitierten Beitrags angegeben werden. Die Seitenzahl muß unbedingt angegeben werden. Aus dem Zitat muß hervorgehen, ob es sich um einen Tagungssammelband oder um einen noch nicht veröffentlichten Vortrag handelt. Zwischen Tagungsort und Erscheinungsort des entsprechenden Tagungsberichts ist zu unterscheiden.

3. Korrekturen

Der Autor erhält zwei Umbruchabzüge, von denen einer möglichst schnell korrigiert an die Redaktion zurückgereicht werden soll. Auf Wunsch des Autors kann die Korrektur auch von der Redaktion gelesen werden.

Durch nachträgliche Manuskriptänderungen verursachte Korrekturkosten gehen, sofern sie 10% der Satzkosten übersteigen, zu Lasten des Autors.

Der Autor erhält 50 Sonderdrucke kostenlos. Weitere Sonderdrucke können bis zur Rückgabe der Korrekturabzüge auf Kosten des Autors bei der Redaktion bestellt werden.

Bezugsmöglichkeiten

Bestellungen sind zu richten

- **in der DDR** an den Postzeitungsvertrieb unter Angabe der Kundennummer des Bestellenden oder an den AKADEMIE-VERLAG, DDR-1086 Berlin, Leipziger Straße 3–4, PF-Nr. 1233;
- **im sozialistischen Ausland** an eine Buchhandlung für fremdsprachige Literatur oder an den zuständigen Postzeitungsvertrieb;
- **in der BRD und Berlin(West)** an eine Buchhandlung oder an die Auslieferungsstelle KUNST UND WISSEN, Erich Bieber OHG, Wilhelmstraße 4–6, D-7000 Stuttgart 1;
- **in den übrigen westeuropäischen Ländern** an eine Buchhandlung oder an die Auslieferungsstelle KUNST UND WISSEN, Erich Bieber GmbH, Dufourstraße 51, CH-8008 Zürich;
- **im übrigen Ausland** an den Internationalen Buch- und Zeitschriftenhandel; den Buchexport Volkseigener Außenhandelsbetrieb der Deutschen Demokratischen Republik, DDR-7010 Leipzig, Postfach 160; oder an den AKADEMIE-VERLAG, DDR-108 Berlin, Leipziger Straße 3–4.

Zeitschrift „Isotopenpraxis"

Herausgeber: Im Auftrag des Akademie-Verlages herausgegeben von Prof. Dr. Justus Mühlenpfordt.
Verlag: Akademie-Verlag, DDR-1086 Berlin, Leipziger Straße 3–4, PF-Nr. 1233; Fernruf: 2236221 oder 2236229; Telex-Nr.: 114420;
Bank: Staatsbank der DDR, Berlin, Kto.-Nr.: 6836-26-20712.
Verantwortlich für den Inhalt des Heftes: Prof. Dr. H. Hübner, Leipzig.
Anschrift der Redaktion (Fernruf Frau H. Schier: 6351177) der Zeitschrift Isotopenpraxis: Akademie-Verlag, DDR-1086 Berlin, Leipziger Str. 3–4, PF-Nr. 1233
Veröffentlicht unter der Lizenznummer 1527 des Presseamtes beim Vorsitzenden des Ministerrates der Deutschen Demokratischen Republik.
Gesamtherstellung: VEB Druckerei „Thomas Müntzer", DDR-5820 Bad Langensalza.
Erscheinungsweise: Die Zeitschrift „Isotopenpraxis" erscheint monatlich. Die 12 Hefte eines Jahrganges bilden einen Band. Bezugspreis je Band 240,– M zuzüglich Versandspesen; Preis je Heft 20,– M.
Bestellnummer dieses Heftes: 1079/21/4.

AN (EDV) 12831

Isotopenpraxis 21 (1985) 4, S. 113 bis 115

Mehrkanaliges Impulszählgerät zur Rationalisierung von Traceruntersuchungen

M. Gläser, A. Gohr, E. Kuhn, K. Baganz

(Akademie der Landwirtschaftswiss. der DDR, Forsch.-Zentr. für Mechanisierung der Landwirtschaft Schlieben/Bornim)[1])

Es wird ein 16-kanaliges Impulszählgerät vorgestellt, das insbesondere zur Rationalisierung von radiometrischen Traceruntersuchungen mit einer großen Zahl erforderlicher Meßstellen als Unikatgerät entwickelt wurde. Es zeichnet sich durch verlustlose Registrierung sämtlicher parallel anfallender Impulsfolgen, durch die Möglichkeit des Anschlusses der Detektoren (z. B. Zählrohre, Szintillationszähler) über Entfernungen bis 250 m, durch geringe Masse, Volumen, gleiche Meßzeitintervalle in allen Kanälen, automatische Nulleffekt-Korrektur und hohen Bedienkomfort aus. Speziell für die Auswertung der bei Gasaustausch(Luftwechsel-)-Messungen anfallenden Meßreihen liegt ein Rechnungsprogramm vor.

A 16-channel pulse counter is presented, which has been designed primarily for the rationalization of tracer investigations with a great number of control points. It distinguishes itself by lossless recording of any parallel pulse trains, by the possibility to connect detectors (e.g. counters, scintillation counters) over distances up to 250 m, by low weight and small size, by equal measuring intervals in all channels, by automatic background correction and by high operational comfort. A computer programme has been elaborated and is available especially for the evaluation of test series arising with the measurement of gas exchange (air exchange).

Keywords

electronic equipment; multi-channel-counters; radiometric analysis; tracer techniques

1. Einleitung und Aufgabenstellung

Bei einer Vielzahl radiometrischer Meßverfahren ist es erforderlich, daß eine größere Anzahl von Detektoren parallel und gleichzeitig eingesetzt wird. Zu diesen Meßverfahren zählen beispielsweise: Gasaustauschmessungen — Luftwechselzahlmessungen — Messung von Strömungsgeschwindigkeiten — Verteilungsmessungen — Verweilzeitmessungen — Mischeruntersuchungen.

Bislang eingesetzte Meßanordnungen (z. B. [1—3, 5, 10, 11]) stellen einen für heutige Rationalisierungsvorstellungen unvertretbar hohen experimentellen Aufwand mit entsprechender Störanfälligkeit dar (große Masse, viele Einzelgeräte, kompletter Meßwagen). Darüber hinaus verlangen die Forderungen nach minimaler Umweltbelastung eine hohe Nachweisempfindlichkeit, um mit möglichst niedrigen Aktivitäten gesicherte Ergebnisse zu erhalten.

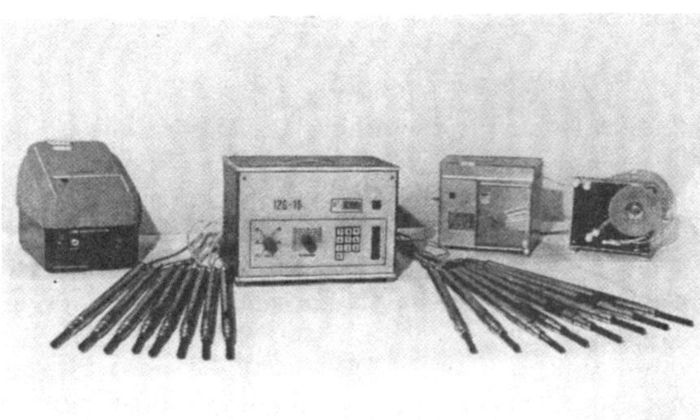

Abb. 1. Gesamtansicht des IZG-16 mit angeschlossenen, für die Registrierung von Betastrahlung umgebauten Gammarohrsonden 72007

Mitte: Zählgerät IZG-16; vorn: Sonden (maximal 16 Stück); links: Drucker; rechts: Serialisierungssystem

Aus diesen Gründen wurde im FZM Schlieben/Bornim ein mehrkanaliges Impulszählgerät (Abb. 1) entwickelt, das im folgenden näher vorgestellt werden soll.

2. Beschreibung

2.1. Funktionsweise

Die prinzipielle Funktionsweise des Impulszählgerätes IZG-16 unterscheidet sich von üblichen Mehrkanalzählern dadurch, daß pro Impulsquelle nicht ein vollständiger Zähler Verwendung findet, sondern ein einziger Zähler zyklisch zwischen allen Impulsquellen umgeschaltet wird. Die Zählergebnisse aller Kanäle sind dabei in einem Halbleiterspeicher (RAM, Bereiche 1, 2, 3) gesichert (Abb. 2) [4].

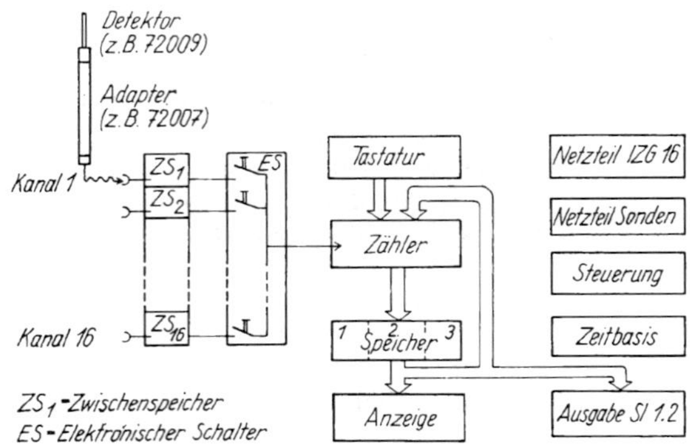

Abb. 2. Blockschaltbild des IZG-16

[1]) Anschrift: 9712 Schlieben, Gartenstraße 30

Die Impulse der maximal 16 anschließbaren Sonden gelangen über die Kanäle 1 ... 16 nach einer Pegelanpassung und Formung in die Zwischenspeicher ZS. Ein Zwischenspeicher besteht aus einem Flip-Flop, der von den Eingangsimpulsen eines Kanals gesetzt und von einer Abfrageschaltung zyklisch rückgesetzt wird.

Das eigentliche Zählen der Impulse findet mit Hilfe des RAM statt. Aus seinem ersten Bereich wird die gerade gültige Impulszahl des Kanals n gelesen und in den Zähler geladen. Ist der Flip-Flop des Zwischenspeichers des Kanals n durch einen eingegangenen Impuls gesetzt, so wird über die Abfrageschaltung (elektronischer Schalter ES) der Flip-Flop gelöscht und gleichzeitig der Zählerinhalt inkrementiert. Die aktualisierte Impulszahl wird danach in den Speicherbereich 1 zurückgeschoben und der Kanalzähler auf $n + 1$ weitergeschaltet. Dieser Vorgang wiederholt sich ständig, indem alle 16 Kanäle nacheinander abgefragt werden. Das Intervall zwischen zwei Abfragen eines Kanals begrenzt die maximale Zählerfrequenz und muß daher kleiner als die Totzeit der verwendeten Detektoren und Sonden gewählt werden.

Am Ende der Meßzeit werden die 16 aktualisierten Impulszahlen im Speicherbereich zwei abgelegt. In diesen Bereich kann die Steuerung der Ausgabe SI 1.2 zugreifen und während der gesamten folgenden Meßzeit die Ergebnisse einem nachgeschalteten Gerät übermitteln. Als Datenempfänger ist ein Serialisierungssystem mit Lochbandstanzer besonders geeignet, aber auch der direkte Anschluß eines Rechners oder Druckers ist möglich.

Der Zahlenwert für den ersten Zyklus einer Meßzeit wird für jeden Kanal nicht im Speicherbereich eins, sondern in drei gelesen.

Nach dem Zuschalten der Netzspannung an das IZG-16 wird dieser Bereich drei mit Hilfe der Tastatur für jeden Kanal programmiert. Auf diese Weise kann der für jeden Detektor empirisch ermittelte Nulleffekt automatisch subtrahiert werden. Die Zählfolge für jeweils einen wahlweise einstellbaren Kanal ist auf der Anzeige zu beobachten. Als Zeitbasis dient eine Quarzuhr, die verschiedene diskrete Meßzeiten zwischen 6 s und 600 s realisiert.

Weiterhin ist im IZG-16 neben dem für die Spannungsversorgung der TTL-Logik nötigen Netzteil ein zweites enthalten, das die Versorgung der Detektoren (z. B. Beta-Gammazählrohre 70009 und Elektronik der Gammarohrsonde 72007) sichert.

2.2. *Mechanischer Aufbau und Bedienung*

Die gesamte im Blockschaltbild (Abb. 2) dargestellte Elektronik ist in einem Standardgehäuse untergebracht (EGS: 360 mm × 240 mm × 240 mm). Sämtliche zur Bedienung notwendigen Elemente befinden sich auf der Frontplatte des Gerätes (Abb. 1).

Die Anschlußbuchsen für die maximal 16 Sonden sind auf der Rückseite des Gerätes angeordnet. Es wurden HF-Buchsen verwendet, über die gleichzeitig die Stromversorgung gewährleistet wird.

Das Gerät besitzt eine Masse von etwa 12 kg.

Die Bedienung des Gerätes ist einfach gehalten. Nach dem Anschluß des Serialisierungssystems 32.97.000 oder/und eines Druckers (z. B. Typ 23144 oder G-3287), der gewünschten Anzahl Sonden (maximal 16) und der Netzverbindung ist das Gerät einsatzfähig und kann durch Drücken der Taste „PRO" programmiert werden. Das bezieht sich auf das Einstellen der Nulleffektkorrektur durch Eingabe des Meßwertes als Differenz zu 10^4 für jeden Detektor und das Einstellen der optimalen Meßzeit. Nach dem Löschen der Pro-Taste können die Impulsfolgen der Zähler abgefragt und an der Anzeige beobachtet werden.

2.3. *Nachfolgende EDV-Verarbeitung*

Zur rationellen Auswertung der über Lochstreifenstanzer ausgegebenen Meßwerte des Impulszählgerätes IZG-16 wurde ein spezielles EDV-Programm geschaffen, das die Besonderheiten der automatischen Meßwerterfassung berücksichtigt (Kurzbezeichnung LUWE).

Der Lochstreifen enthält je Meßstelle neben dem eigentlichen Meßwert Informationen über Meßstellen-Nr. und Meßzeit.

Diese Angaben werden auf Plausibilität hinsichtlich der Überschreitung wahlweise vorgegebener Minimal-Maximalgrenzen für den Meßwert und der Einhaltung der möglichen Gerätekennwerte geprüft. Fehlerhafte Datensätze werden ausgesondert und nach Fehlerarten gezählt.

Aus den geprüften Meßwerten wird die Meßwertmatrix als Grundlage für die nachfolgenden Programmteile aufgebaut. Im Programmablauf wird zuerst eine Darstellung des logarithmischen Meßwertes (y) über den zeitlichen Ablauf (x) auf dem Seriendrucker erzeugt. Die Darstellung erfolgt mit einer Auflösung von 100 Punkten. Eine automatische Kalibrierung der y-Achse gestattet die vollständige Darstellung einer Meßreihe unter Ausnutzung des Druckbereiches.

An Hand der Darstellung einer Meßreihe wird der für die weitere Berechnung vorzusehende Abschnitt durch Eingabe des Anfangs- und Endwertes ausgewählt. Für diesen Abschnitt werden die logarithmischen Meßwerte über die Zeit nach einem einfachen linearen Regressionsmodell berechnet und die Kennwerte der Regressionsgerade einschließlich Bestimmtheitsmaß ausgegeben.

Das Programm ist in FORTRAN geschrieben und mit SYPS-Unterprogramm für die Nutzung auf dem Kleinrechner KRS 4200 vorgesehen.

3. Einsatz bei radiometrischen Luftwechselmessungen

Das vorgestellte 16-kanalige Impulszählgerät hat sich bereits bei der Messung von Luftwechselzahlen bewährt und zu einer erheblichen Reduzierung des Zeit- und Arbeitskräfteaufwandes geführt. Zur weiteren Verdeutlichung der Leistungsfähigkeit dieses Gerätes soll im folgenden ein Einsatzbeispiel erläutert werden.

3.1. *Versuchsbeschreibung*

Die Methode der radiometrischen Gasaustauschmessung, insbesondere der Luftwechselzahl-Bestimmung ist hinreichend bekannt (z. B. [5—9]). Aus diesem Grunde wird auf eine Darstellung der Grundlagen der Methode hier verzichtet und statt dessen lediglich auf die mit dem Einsatz des neuen Gerätes bedingten Besonderheiten eingegangen.

Bestimmt wurden die Luftwechselzahlen eines Laborraumes (mit ≈ 70 m^3). Die verfügbaren 16 Meßstellen waren über angepaßte Gammarohrsonden 72007 mit betaempfindlichen Auslösezählrohren (Typ 70009) bestückt und an repräsentativen bzw. besonders interessierenden Stellen in dem Raum stationiert. Als Indikatorgas wurde Krypton-85 eingesetzt. Das Zählgerät befand sich außerhalb des aktivierten Raumes. Sofort nach Ausbringen der Aktivität wurde mit der parallelen Registrierung der Impulsraten begonnen, auch wenn sich noch keine gleichmäßige Verteilung eingestellt hat. Diese ist an den einzelnen Meßstellen aber im allgemeinen nach wenigen Minuten erreicht und an der „Beruhigung" der anfangs noch stark schwankenden Zählraten erkennbar.

3.2. Auswertung unter Rechnereinsatz

Die seriell registrierten und durch das IZG-16 bereits intern um den Nulleffekt subtrahierten Impulsraten-Folgen der maximal 16 Meßstellen werden zunächst dem Rechner eingegeben, von diesem sortiert und logarithmiert und über der Zeit automatisch mittels des dazugehörigen Druckers dargestellt (Abb. 3).

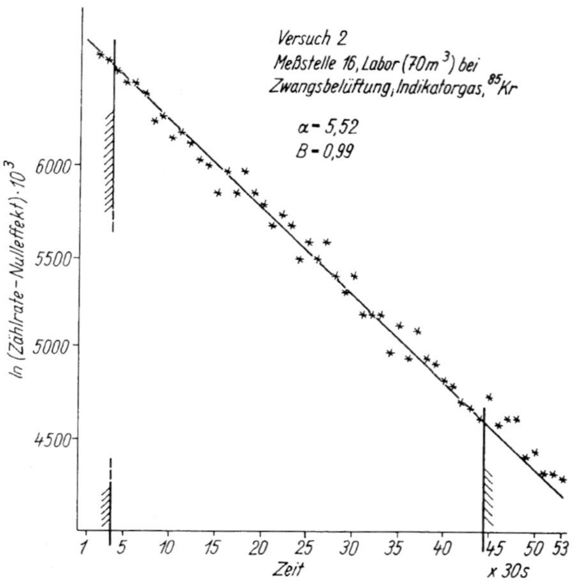

Abb. 3. Rechnergestützte Darstellung der Ausgleichskurven bei Gasaustauschmessungen (Luftwechselzahlmessungen)
Korrektur: Statt $\alpha = 5{,}52$ lies $\alpha = 5{,}52\ R^{-1}$

An Hand dieser Darstellungen werden die für die Errechnung der Luftwechselzahlen in Frage kommenden linearen Bereiche der Ausgleichskurven festgelegt (durch senkrechte Striche eingegrenzter Bereich in Abb. 3). Die Zählraten, die durch den Einmischvorgang des Indikatorgases in die Raumluft schwanken und die Zählraten in der Größenordnung des Nulleffektes werden zur Vermeidung eines ungünstigen Bestimmtheitsmaßes eliminiert.

Aus den auf diese Weise eingegrenzten Intervallen, die dem Rechner erneut eingegeben werden, errechnet dieser dann die interessierenden Luftwechselzahlen, die im Prinzip den Anstieg der Austauschkurven im (linearen) Bereich darstellen, sowie das jeweilige Bestimmtheitsmaß.

4. Schlußbemerkungen

Das vorgestellte Gerät IZG-16 zur Rationalisierung von Vieldetektoranordnungen (insbesondere für Traceruntersuchungen) erfüllt die gestellten Forderungen. Es gestattet, beliebige Impulsfolgen von einer größeren Anzahl von Detektoren gleichzeitig, parallel und kontinuierlich zu messen. Dadurch ist eine hohe Nachweisempfindlichkeit gewährleistet, die einen maximalen Einsatz von Radionukliden und eine Einsparung von Arbeitskräften bei der Versuchsdurchführung sichert. Die Überwachung des gesamten Versuchsablaufes erfolgt von zentraler Stelle aus, wobei diese auf Grund der möglichen großen Entfernung zwischen Meßstelle und Zählgerät (bis 250 m) außerhalb der durch die eingesetzten Radionuklide bedingten Strahlungsfelder liegt. Dadurch reduziert sich die Strahlenbelastung des Experimentierpersonals. Die räumliche Trennung von Detektoren und hochempfindlicher Nachfolgeelektronik wirkt sich auch dann besonders günstig aus, wenn in aggressiver Umgebung (z. B. Tierproduktionsanlagen) gemessen werden soll. Weitere Vorteile sind die geringe Masse und das kleine Volumen des Gerätes sowie die für alle 16 Meßstellen gleiche Zeitbasis. Als günstig hat sich auch die mögliche Parallelanzeige von Drucker und Lochband erwiesen. Während das Lochband eine rationelle Auswertung im off-line-Betrieb sichert, ermöglicht die Druckeranzeige ein übersichtliches, unmittelbares Verfolgen der Impulsraten an allen 16 Meßstellen und bei ausreichend hohen Impulsraten mit nur einer Markierung des Meßobjektes mehrere Versuchseinstellungen.

Was die Weiterentwicklung dieses Gerätes betrifft, wird geprüft, ob der Übergang zum on-line-Betrieb sinnvoll und möglich ist. Des weiteren sind eine veränderte Schaltung zur Nulleffektkorrektur, eine Überlaufanzeige und eine zweite Anzeige zur Kontrolle der Meßwerte (Bildschirmdarstellung) vorgesehen.

Eingegangen am 8. 6. 1984

Literaturverzeichnis

[1] *W. Helbig*, Entwicklung und Automatisierung radiometrischer Einrichtungen. Bericht IfM Potsdam-Bornim, 1970
[2] *W. Zablotny*, Isotopenpraxis **5** (1969) 432
[3] *W. Zablotny* u. a., Isotopenpraxis **8** (1972) 37
[4] *A. Gohr*, Mehrkanal-Parallelimpulszähler, Int. Cl.: H03K, 2506942, Anmeldedatum 06. 05. 83
[5] *M. Beer, A. Heissner, G. Vogel*, Deutsche Agrartechnik **15** (1965) 166
[6] *H. Rettig, E. Kuhn, H.-G. Kirschbaum*, Deutsche Agrartechnik **22** (1972) 323
[7] *M. Gläser, H.-F. Müller*, Wissenschaft und Fortschritt **33** (1983) 350
[8] *H. Rettig, G. Suckow*, Deutsche Agrartechnik **20** (1970) 477
[9] *M. Gläser*, Physik in der Schule **21** (1983) 6
[10] *R. Otto, P. Hecht, H. Ulrich*, Isotopenpraxis **14** (1978) 120
[11] *R. Lücke, A. Merz*, Chem.-Ing. Technik **49** (1977) 275

Isotopenpraxis **21** (1985) 4, S. 116 bis 118

Zur Möglichkeit der Anwendung der Gammaaktivierungsanalyse bei Braunkohlenproben

W. Stuchlik[1]), *E.-J. Langrock*[2])

[1]) Zentralinstitut für Isotopen- und Strahlenforschung Leipzig; [2]) Technische Hochschule Leipzig, Sektion Naturwissenschaften)

Es wird die Möglichkeit der Anwendung der Gammaaktivierungsanalyse (18 MeV) für einige Braunkohlen- und Braunkohlenaschenproben untersucht. Es werden die Gehalte an Mg, Ca, Fe und Sr bestimmt. Tl, Mo und Pb konnten nicht nachgewiesen werden. Die Nachweisempfindlichkeiten für obige Elemente werden angegeben.

The possibility of the use of gamma activation analysis (18 MeV) is analysed for some brown coal and brown coal ash samples. The elemental concentrations of Mg, Ca, Fe, Sr were determined. There is no content of Tl, Mo, and Pb. The sensitivities for above elements were given.

Keywords

chemical analysis; coal; microtrons; photon activation analysis; photons

1. Einleitung

Die derzeitige Rohstoffsituation gibt Anlaß, hinsichtlich der Gewinnung und Verwendung der einheimischen Braunkohle vielfältige Überlegungen anzustellen. Um diese Überlegungen auf eine möglichst konkrete Basis zu stellen, macht es sich erforderlich, für die Analyse der einzelnen Kohlesorten in stärkerem Maße Bestimmungsmethoden in Betracht zu ziehen, die bislang wenig Eingang in die Kohleanalytik gefunden haben [1]. Einerseits wird damit der Zweck verfolgt, von der Zusammensetzung her die optimale Weiterverarbeitung der Kohle zu ermöglichen, und andererseits dürften die zusätzlichen Angaben wertvoll für die Eichung unspezifischer Meßprinzipien der Steuer- und Regelungstechnik sein wie Rückstreuung, Vorwärtsstreuung u. ä. [2, 3].

Ziel der vorliegenden Arbeit ist es, im Zusammenhang mit der Einsatzvorbereitung des für das ZfI Leipzig vorgesehenen Mikrotrons MT 22 die Möglichkeiten der Bestimmung von anorganischen Neben- und Spurenelementen über die Photonenaktivierung näher zu betrachten.

Wie leicht einzusehen, bietet die instrumentelle Gammaaktivierungsanalyse bei einer Reihe von Elementen Vorteile gegenüber der Neutronenaktivierung [4–6]. Das ist im wesentlichen der Fall bei den Elementen Zr, Ni, Nb, Ba, Sr, Ti, Ca, Tl, Pb und mit Einschränkungen bei Zn und As, während die Methode für eine Reihe anderer Elemente wie Na, Fe, Mg, Mo und Br als annähernd gleichwertig zur INAA angesehen werden kann.

Nachfolgend sollen erste Ergebnisse vorgestellt werden, die durch Aktivierung am Dubnaer MT 22 gewonnen wurden. Hierbei wurden sowohl gewöhnliche trockene Braunkohlen als auch einige Kohleaschen analysiert, wobei wir davon ausgingen, daß die Veraschung der Kohlen als die am wenigsten aufwendige Anreicherungsmethode angesehen werden kann.

Anschriften: [1]) 7050 Leipzig, Permoserstr. 15; [2]) 7030 Leipzig, Karl-Liebknecht-Str. 132

2. Experimentelles

Die zu untersuchenden Proben wurden als Flachproben mit einer Probenmasse von (1 ... 4) g hergestellt und in Verbindung mit den entsprechenden Standards sowie einer Anzahl von Kupfermonitoren senkrecht zur Strahlachse in kompakter Form angebracht. Die Aktivierungsdauer betrug 7 Stunden. Obwohl das MT 22 eine Aktivierungsenergie von 21 MeV erlaubt, wurden die Bestrahlungen bei 18 MeV durchgeführt, um die möglichen Störreaktionen auf ein Minimum zu beschränken. Die Intensität des für die Erzeugung von Gammastrahlen verwendeten Elektronenstromes betrug (14 ... 16) μA. Die Proben wurden unmittelbar nach Bestrahlungsende mit einem Gammaspektrometer (Ge-Li-Detektor, 35 mm Durchmesser, 4096 Kanalanalysator) und 20 min Meßzeit gemessen. Im Anschluß daran wurde das vollständige Spektrum ausgegeben und die Flächenberechnungen der Peaks in der üblichen Weise mit Hilfe eines Computers berechnet. Die Herstellung der Standards erfolgte durch Auftropfen der entsprechenden gelösten Salze auf Filterpapier mit einem Durchmesser von 2 cm und anschließende Trocknung.

3. Ergebnisse

Generell kann zu den Ergebnissen gesagt werden, daß die Spektren relativ linienarm waren und wenig Elemente in der Kohle bzw. Kohlenasche festgestellt werden konnten, ganz im Gegensatz zu geologischen Proben und Rohsilizium [5]. In Abb. 1 ist als Beispiel das Spektrum einer Kohlenasche aus dem Lausitzer Revier angegeben.

Von den o. e. Elementen konnten wir bei den eingesetzten Proben lediglich die in Tab. 1 angegebenen Werte ermitteln. Die jeweils in Zeile 2 in Klammern angegebenen Werte sind das Ergebnis einer chemischen Analyse nach TGL 32363/02. Wir können dabei feststellen, daß die mit Photonenaktivierung gefundenen Werte in einer befriedigenden Übereinstimmung zu den chemisch ermit-

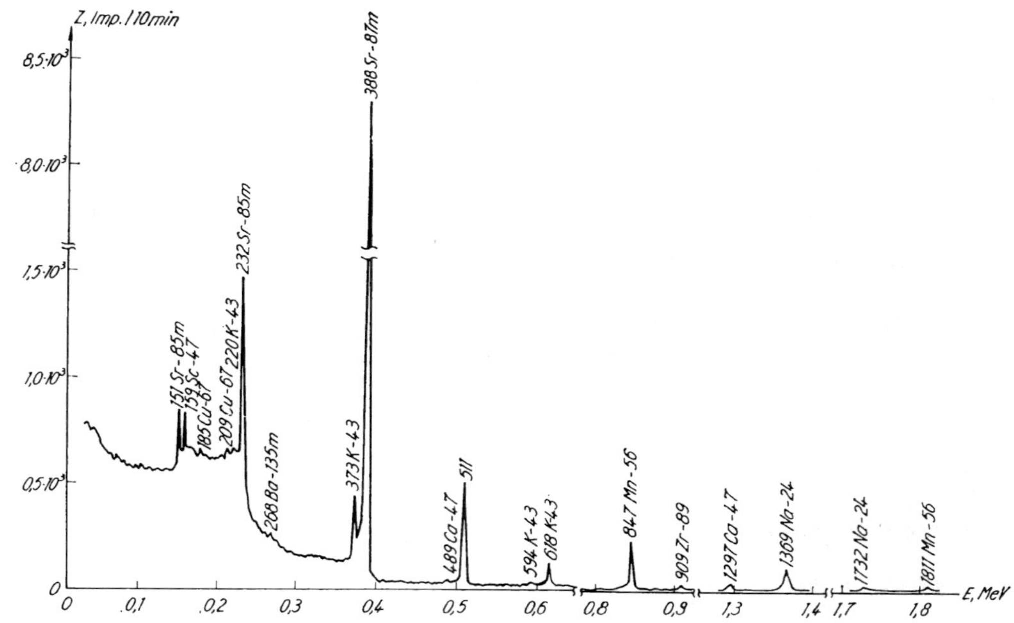

Abb. 1. Ge(Li)-Spektrum einer gamma-aktivierten Braunkohlenascheprobe 3 h nach Aktivierungsende

Tab. 1. Elementgehalte der untersuchten Kohle- und Aschenproben in Gewichtsprozenten

Proben-Nr.	Mg	Ca	Fe	Sr
1 K (Kohle)	0,25	1,63 ± 0,60	1,07 ± 0,20	0,014 ± 0,0005
	(0,20)	(1,03)	(1,23)	(0,011)
2 A (Asche)	3,13	25,6 ± 7,6	17,1 ± 2,9	0,236 ± 0,005
	3,24	24,7 ± 7,5	12,6 ± 3,0	
	(3,24)	(17,4)	(20,5)	(0,120)
3 K	0,25	1,04 ± 0,37	0,98 ± 0,19	0,014 ± 0,0005
	(0,17)	(0,85)	(0,77)	
4 A	2,8	17,6 ± 5,4	13,8 ± 2,3	0,218 ± 0,004
	(3,2)	(16,1)	(14,6)	
5 A	4,3	16,3 ± 4,9	10,3 ± 1,7	0,128 ± 0,003
	(3,6)	(17,3)	(15,8)	
6 A	6,4	28,9 ± 8,9	16,5 ± 2,7	0,261 ± 0,004
	(6,2)	(12,2)	(12,5)	
7 K	0,21	1,19 ± 0,42	0,52 ± 0,10	0,006 ± 0,0002
	(0,17)	(0,86)	(0,88)	

Tab. 2. Zur spektroskopischen Auswertung benutzte Energien

Element	*E*, keV	Reaktion	Halbwertszeit	Nachweisgrenze µg
Tl	70,8	$^{203}Tl(\gamma, n)^{202}Tl$	12,2 d	656
Mo	140,5	$^{100}Mo(\gamma, n)^{99}Mo$	2,758 d	23
Sr	231,7	$^{86}Sr(\gamma, n)^{85m}Sr$	1,128 h	10
Pb	279,1	$^{204}Pb(\gamma, n)^{203g}Pb$	2,171 d	48
Ca	617,5	$^{44}Ca(\gamma, p)^{43}K$	22,2 h	5615
Fe	846,6	$^{57}Fe(\gamma, p)^{56}Mn$	2,576 h	780

telten Gehalten stehen. Der bei Ca und Fe auftretende verhältnismäßig große relative Fehler ist auf zu geringe Standardprobenmengen zurückzuführen und dürfte sich bei weiteren Messungen in beachtlichem Maße verringern.

In Tab. 2 sind die zur Bestimmung verwendeten Linien und die von uns ermittelten Nachweisgrenzen für eine Reihe von Elementen angegeben, wie sie für die konkreten Aktivierungsbedingungen zutreffend sind [6]. Offensichtlich lassen sich diese Beträge durch Zweitmessung nach bestimmter Abklingzeit sowie Optimierung der Aktivierungsbedingungen noch geringfügig verbessern, was in einzelnen Fällen exemplarisch durchexerziert wurde, ohne daß sich das Ergebnis änderte. Es ist jedoch zu prüfen, ob der damit verbundene Mehraufwand in ein vernünftiges Verhältnis mit den zu erwartenden Ergebnissen gebracht werden kann.

Auf Grund unserer Untersuchungen und Erfahrungen können wir nur eine bedingte Eignung der Photonenaktivierungsanalyse zur Ermittlung anorganischer Spurenbestandteile in der Kohle feststellen. Dies dürfte auch zutreffen, wenn noch zusätzliche Anreicherungsverfahren verwendet werden, wie dies im Falle der Aschen geschehen ist. Eine Möglichkeit zur Anwendung der Photonenaktivierung in der Kohleanalytik würden wir dann sehen, wenn es darum geht, sich über die Abwesenheit von toxischen Elementen wie Cd, Tl und Pb zu vergewissern.

Selbstverständlich kommt hierfür als Anreicherungsmethode die Veraschung wegen der Flüchtigkeit dieser Elemente nicht in Frage, und es müssen andere Anreicherungsverfahren in Betracht gezogen werden. Schließlich wäre zu prüfen, ob für die erwähnte Aufgabenstellung ein kombiniertes Verfahren der Anreicherung/Extraktion und Elementbestimmung (energiedispersive RFA) ähnlich dem in [7] vorgeschlagenen vorzuziehen ist.

Wir danken Prof. *Samjatnin* und Koll. *Belov* für die Unterstützung bei der Durchführung der Aktivierung und Dr. *Kahnt* für die Durchführung der chemischen Analysen.

Eingegangen am 5. 4. 1984

Literatur

[1] *J. W. Leonhardt, H.-K. Bothe, E.-J. Langrock, E. Maul, P. Morgenstern, D. Müller, H.-W. Thümmel,* J. of Radioanal. Chem. **71** (1982) 181

[2] *H.-W. Thümmel,* ZfI-Mitteilungen **70** (1983) 97

[3] *G. Körner, H.-W. Thümmel, M. Steinert, U. Gräfenhain,* Mikrorechnerverknüpfte 2-Energie-Gammastrahlungstransmission zur flächenmassenunabhängigen Gehaltsbestimmung an 2-Stoff-Systemen, Vortrag 3. Tagung Nukleare Analysenverfahren, Dresden 11.–15. 4. 1983

[4] *G. J. Lutz,* Anal. Chem. **43** (1971) 93

[5] *H. Geisler, H. Gerstenberger,* ZfI-Mitteilungen **46** (1981) 69

[6] *G. Erdtmann, W. Soyka,* The Gamma Rays of the Radionuclides. Weinheim – New York: Verlag Chemie, 1979

[7] *T. P. Drobina, E.-J. Langrock, H. Bruchertseifer,* Preprint JINR 6-81-619

Isotopenpraxis **21** (1985) 4, S. 118 bis 121

Neutron Activation Logging*)

W. Loetzsch, N. Michme, A. R. Volker

(VEB Geophysik Leipzig)[1])

Proceeding from a short characterization of neutron activation logging and the differences to conventional well logging techniques, the factors which influence the connection between measured value and interesting geological parameter are considered. A formula for the energy distribution of the γ-rays at the detector is given, which involves a single row matrix. Resulting from this, conditions to achieve an optimum measuring effect and principles for the design of a sonde are derived. The peculiarities of the sonde ANGS 42 are: 1) the neutron source is placed at a definite distance above the detector, 2) the automatic control of the energetical position of the discriminator level. For example the accuracy of content determination in fluorite exploration and the factors which influence this determination are discussed. The possibilities of Ca–, Si– and Al-determinations are mentioned as well as the measuring techniques and technological details to improve the accuracy of measurements and to expand the scope of chemical elements to be analyzed.

Ausgehend von einer kurzen Charakterisierung der Neutronenaktivierungsmessungen in Bohrlöchern und den Unterschieden zu den konventionellen Bohrlochmeßverfahren, werden die Einflußfaktoren auf den Zusammenhang zwischen dem Meßeffekt und dem interessierenden geologischen Parameter betrachtet. Ein allgemeiner Ansatz für die am Detektor anliegende γ-Strahlungsenergieverteilung in Form einer einreihigen Matrix wird angegeben. Daraus werden Bedingungen für einen optimalen Meßeffekt und Konstruktionsprinzipien für eine Bohrlochmeßsonde abgeleitet. Die Besonderheiten der Bohrlochmeßsonde ANGS-42 sind: 1) die Neutronenquelle befindet sich im bestimmten Abstand oberhalb des Detektors, 2) eine automatische Regelung der konstanten energetischen Lage des Diskriminatorpegels. Als Beispiel werden die in der Praxis der Fluoriterkundung erreichten Genauigkeiten der Gehaltsbestimmung und deren Einflußfaktoren diskutiert. Die Möglichkeiten der Ca-, Si- und Al-Bestimmung werden erwähnt, ebenso meßtechnisch-technologische Fakten, durch die eine Erhöhung der Meßgenauigkeit und eine Erweiterung der zu analysierenden chemischen Elemente erreichbar wird.

Keywords

boreholes; exploration; fluorite; geophysics; neutron activation analysis; neutron sources; well logging

Measuring methods using isotope neutron sources are introduced in an increasing scale in geological laboratory work as well as in surface and underground in-situ measurements. This is based on the fact that

- isotope neutron sources excite nuclear reactions which may be used for analytical purposes; this is possible already at source intensities which can be manipulated in the usual manner and observing existing safety regulations
- neutrons have such a penetration power that they generate measuring effects in a big volume, i.e. they generate not only surface measuring effects.

*) Presented at the 29th International Geophysical Symposium September 1984 in Varna, Bulgaria

[1]) Anschrift: 3304 Gommern, Magdeburger Chaussee

The nuclear reactions by neutrons generate nuclides, which in most cases are unstable showing characteristic decay attributes. The considered activation methods produce nuclides having characteristic halfe-live and γ-ray distribution; an essential characteristic parameter of these reactions is also the neutron activation cross-section of the parent nuclide.

The neutron flux from the neutron source produces due to interaction processes (scattering-, capture- or/and activation processes) in a volume element γ-rays with an energy distribution $\mathbf{e}(P_0)$ represented in form of a single row matrix. The elements of this matrix correspond to γ-ray intensities in energy ranges, which are originated by subdivision of the whole γ-energy range. The detector converts such a γ-energy distribution into an electric pulse height distribution measurable with a pulse height analyzer [1].

This γ-ray energy distribution of the rock at the place of its origin will be changed on its way to the detector by absorption and scattering processes, so that at the place of the detector there will be a γ-ray energy distribution, which depends on

- the spatial-energetical distribution of the neutrons in the rock
- the energy-dependent cross sections of the neutron interaction processes ($\Sigma_{0;i}^{(n)}$)
- the radiated γ-energy distribution integrated over the measuring volume
- the energy dependent cross sections of the γ-interaction processes ($\Sigma_{0;i}^{(\gamma)}$)

The γ-energy distribution in neutron activation processes is a function of activation time, provided the source-detector geometry is kept constant and at rest, not to forget the above mentioned spatial-energetical and nuclide dependence.

As it is well known, the saturation activity is practically reached after 10 halfe-live times of the generated unstable radioactive nuclide. If the system "neutron source — γ-detector" is moved with constant velocity v in the direction of the neutron source in a borehole through a homogeneous rock which should be analyzed, the expected measuring effect will be a time or velocity dependent function of the source-detector distance l and the decay constant λ of the generated unstable radioactive nuclide [2].

Summarizing we can express the γ-energy distribution at the detector as follows:

$$\mathbf{E}_\gamma(P_0; p_i) = Q \cdot g(l; v) \cdot \mathbf{e}(P_0; p_i) \times \mathbf{F}[P_0(\Sigma_0^{(n)}; \Sigma_0^{(\gamma)}); p_i(\Sigma_i^{(n)}; \Sigma_i^{(\gamma)})] \quad (1)$$

with

Q neutron source intensity

P_0 measuring parameter, i.e. the content of the chemical element to be analyzed

p_i internal perturbation parameter, i.e. a parameter which influences the connexion between measuring effect and P_0 caused by the complicated chemical composition and simultaneously acting secondary interaction processes.

The γ-ray energy distribution of the rock from the wanted primary interaction processes (influenced by internal perturbation parameters) in form of a single row matrix will be changed in its total intensity as well as by interaction processes of neutrons and γ-rays in the rock, which can be represented by a diagonal matrix $\mathbf{F}[\ldots]$. This γ-energy distribution resulting from the multiplication of both matrices is also influenced in its intensity by the neutron source intensity and by the function $g(l; v)$. The latter one depends on the sonde speed and the source-detector distance. It may be difficult to determine explicitely this matrix $\mathbf{F}[\ldots]$. But it is possible to determine approximately the energy distribution $\mathbf{e}(P_0; p_i)$ from investigations of samples in the laboratory; from that the wanted γ-energy range for practical problems can be fixed. The function $g(l; v)$ determines the optimal measuring value of the device, approximately reached for

$$v \sim \lambda \cdot l$$

If the γ-ray background is considered, than after [3] it is necessary to take into account a factor 0.6. This γ-ray background (one of the internal perturbation parameters) is caused by direct neutron capture γ-rays, γ-scattering rays and apparently also by γ-rays of natural radioactive nuclides of the rock.

The above mentioned formula allows to optimize measuring device and technique of activation logging with radiation sources having large half-lives (large in comparison with the decay time). By this separation into four terms it is possible to solve the problems separately (Eq. 1).

The continuous neutron activation logging with fixed distance source-detector has come into use for quantitative determination of certain chemical elements [4], but also the accomplishment of measurements point by point in definite depth intervals in the case when the measuring velocity or the measuring values are too low to make continuous measurements is common use. The tools for neutron activation logging usually are designed in such a manner that the neutron source may be placed at the lower end of the tools, and in a definite distance l above the detector is placed. With this arrangement it is possible to make activation measurements only downwards. As a matter of experience this downward measurement without forced guiding of the sonde produces additional errors in depth correlation. Therefore we have realized for the first time an inverted source detector geometry for a 42 mm diameter sonde, called type ANGS 42; the continuous measurements with this arrangement will be recorded upwards. The necessary ^{241}AmBe neutron source has an outside diameter of 30 mm (height 60 mm). It just fits into the tool's casing having the size of 42 × 4 mm, i.e. the tool has a smooth and compact outer shape. This construction avoids an additional damage risk as it arises, when the source is put in a source holder excentrically mounted at the cable.

The main specifications of this sonde ANGS 42 are as follows (Fig. 1):

Length	~1.80 m
Mass	~40 kg
Diameter	42 mm
Temperature	−10 °C ... +40 °C (263 to 313 K)
Pressure	20 MPa (~200 kp/cm²)
Source-detector distance	1.40 m

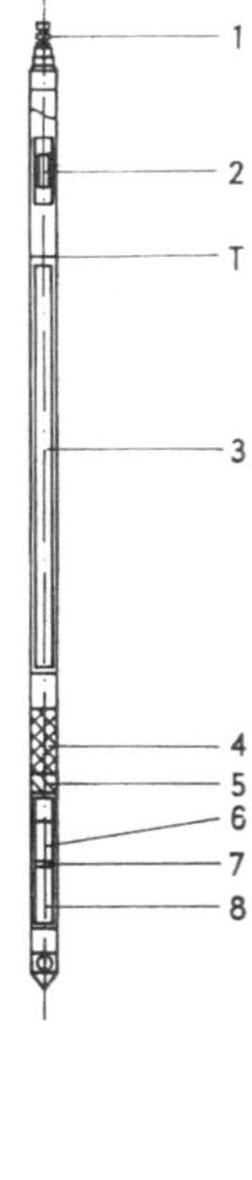

Fig. 1. Schematic view of the sonde ANGS-42
1 – cable connexion 36 mm standard;
2 – neutron source;
3 – electronics;
4 – paraffin-screening;
5 – Pb-screening;
6 – photomultiplier;
7 – calibration light pulser;
8 – crystal scintillator;
T – connexion to place the neutron source

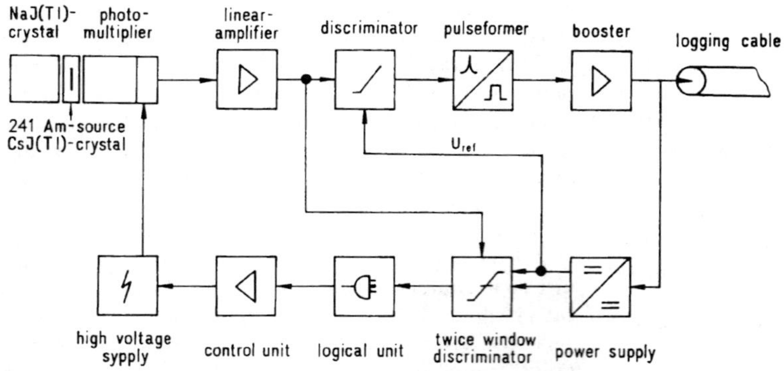

Fig. 2. Block diagramm of the sonde ANGS-42

This sonde type has been developed for fluorite exploration based on the reaction

$$^{Be(\alpha;n)}\mathbf{N}_{act}\mathbf{G}^{F;16N}_{>3MeV}$$

The γ-rays of the ^{16}N nuclide (7·13 s half-life) have energies of 6·13 and 7·12 MeV; therefore the discrimination level of the scintillation detector with amplifier can be fixed sufficiently high (3 MeV). A perturbation of the measuring effect of fluorite by γ-rays of natural radioactive nuclides and low energy neutron capture γ-rays can be excluded; only neutron capture γ-rays >3 MeV produce a weak perturbation. This effect is recorded, when the sonde runs downward and is subtracted from the main measuring effect, which is measured and recorded during the actual upward measurement.

A further speciality of this sonde ANGS 42 is the automatic control of the energetical position of the discriminator level. Main device is a transparent silicon rubber disk; in the centre of this disk a little ^{241}Am source (approximately 1 kBq) is in direct contact with a CsJ(Tl) crystal (manufacturer: TESLA, Czechoslovakia, type SIK 2). This calibration light source is attached between NaJ(Tl) crystal and photocathode of the photomultiplier and gives a definite peak at an equivalent γ-energy of 2·6 MeV; this peak is added to the used pulse height distribution. The conventional electronics (Fig. 2) consists of detector unit, linear amplifier, discriminator, pulse former, final amplifier or booster and power supply including high voltage generator; additionally, a double window discriminator with three definite thresholds is put on both the flank sides of the ^{241}Am-γ-equivalent peak [5]. The following evaluation circuitry generates a change of the output signal from a value H to a value L or reversed, if the detector pulses have amplitudes between both the lower or higher thresholds. The mean pulse duty factor of this output pulse sequence is at symmetrical peak position 1:1; if it goes asymmetrical the pulse duty factor is changed, and this generates a control voltage, which changes the high voltage until a symmetrical peak position is reached again.

In the pretended temperature range a constancy of the discrimination level $< \pm 1\%$ will be reached.

The sonde is supplied with a stabilized constant d.c. current of 100 mA ± 5% at a voltage of 22·5 V.

The manipulation of the $^{241}AmBe$ neutron source of 0·37 TBq (10 Ci) with $2{\cdot}2 \cdot 10^7$ neutrons/s gives at a distance of 1 m a primary radiation exposure of

0·22 mSv/h (22 mrem/h) by neutrons and
0·25 mSv/h (25 mrem/h) by γ-rays.

The personal needs for the following steps of work a time of maxim. 1·5 min at a mean distance of 0·5 m:

- putting the neutron source into and out of the sonde in the field by means of a special holding device for the head of the sonde
- mounting and demounting the sonde at the borehole.

If we assume maxim. 5 sorties a week, we get a total dose equivalent of approximately 0·23 mSv (23 mrem) a week. This value warrants sufficient safety considering the real situations; this value is 1/4 of the permissible dose for radiation workers. The boundary of the control area is at 5 m. In underground measurements the total dose equivalent increases maxim. by a factor of 2, therefore only 3 sorties a week are permitted.

The transport of this neutron source as a "radioactive material of high activity" is carried out in "full load" in "pakaging type B", and it does not make a difference wether the radiation source is a "material in special form" or not. The radiation exposure of the personnel during transport is negligible.

The calibration of the sonde is carried out in models with "borehole-like" conditions, i.e. the external perturbation parameters (borehole diameter, borehole medium etc.) correspond to field conditions. Practical measurements with logging tools optimized in such a manner show, that the method of neutron activation logging used in the exploration of fluorite is a prominent example for element-specific detection and content determination. The background of measurements in fluid filled boreholes is approximately (100 ± 30) cpm; in fluorite bearing layers we get a pulse yield of at least 40 cpm per 1% CaF_2 above background. It is possible to detect contents down to approximately 5% CaF_2. The accuracy of these content data depends on calibration models and special selected calibration layers of a deposit. Principally, we have these two calibration possibilities at our disposal; both have insufficiencies:

firstly, it is impossible to reproduce the various geologic conditions of mineral deposits by models in practice; it is only possible to realize approximations, and the arising differences must be estimated with regard to their influences on the measuring values.

secondly, calibration layers of a deposit have uncertainties with regard to homogeneity of horizontal and radial dimensions of natural stratification, uncertainties arise also by sample taking.

These approximations and uncertainties of calibration are influencing the results more than the measuring method is able to accomplish.

With an error probability of 68·3% (1σ) we get only from nuclear pulse statistics in the case of

25% CaF_2	an absolute error of $\pm 0{\cdot}8\%$ CaF_2	and a relative error of $\pm 3{\cdot}2\%$
50% CaF_2	$\pm 1{\cdot}1\%$ CaF_2	$\pm 2{\cdot}3\%$
100% CaF_2	$\pm 1{\cdot}6\%$ CaF_2	$\pm 1{\cdot}6\%$.

Moreover, it is necessary to add errors caused by

- inconstant measuring velocity and level position
- recording techniques
- inaccuracy of reference quantities (calibration models or layers)
- diverging internal parameters and
- insufficiencies in correcting external parameters.

It is very difficult to estimate these errors; it is intended to reduce these errors below the statistical error by methodical and technical developments. It is also a difficult problem to reduce the statistical error for tools with 42 mm outside diameter, because from practical considerations it is hardly possible to increase essentially the neutron source intensity and the crystal volume.

Without special difficulties it is possible to resolve and interpret layer thickness $>1{\cdot}5$ m. Investigations are known which solve the problem in the case $<1{\cdot}5$ m [6].

With continuous measurements in fluid-filled boreholes it can be shown that 0·4 m fluorite layers with $> 70\%$ CaF_2 are detectable and the fluorite content definable.

In [6] also Ca- and Si-determinations in boreholes by neutron activation logging are treated:

$$^{252}\mathrm{Cf}\,\mathbf{N}_{\mathrm{act}}\mathbf{G}^{^{49}\mathrm{Ca}}_{>3\,\mathrm{MeV}}\;8{\cdot}72\ \mathrm{min}\quad ^{\mathrm{Be}(\alpha;n)}\mathbf{N}_{\mathrm{act}}\mathbf{G}^{^{28}\mathrm{Si}(n;p)\mathrm{Al}}_{1{\cdot}78\,\mathrm{MeV}}$$

The determination of Al in boreholes by neutron activation logging is also in practice for many years [7 ... 10].

$$^{252}\mathrm{Cf}\,\mathbf{N}_{\mathrm{act}}\mathbf{G}^{^{28}\mathrm{Al}}_{1{\cdot}78\,\mathrm{MeV}}\;2{\cdot}25\ \mathrm{min}$$

It is easy to understand that perturbation reactions in all these activation methods must be taken into account, because there are always complicated geological conditions of mineral deposits. Therefore, it is necessary to determine correction quantities by secondary logging methods.

Accuracy of well logging methods generally and neutron activation logging especially may be improved by

- precise establishment of measuring parameters and their realization by models or calibration layers with small internal and practice-like external perturbation parameters,
- measuring methods and measuring equipment which must warrant a best connexion between measuring value and measuring parameter and small influences of internal and external perturbation parameters.
- sufficient determination of the influences of these internal and external parameters on the primary connexion between measuring value and measuring parameter,
- technical and technological reliability of the calibration and field measurements,
- complete exploitation of the gained information and exact documentation.

In neutron activation logging there are the following possibilities for improving the accuracy of measurements and to expand the scope of chemical elements to be analyzed:

- application of neutron generators with higher neutron intensities, and utilization of cyclic activation,
- provision of special devices and of transport containers for the application of isotope neutron sources with higher source intensities ($>10^8$ neutrons/s),
- automatic control to warrant a constant logging velocity,
- full digitalisation of data recording and processing.

Neutron activation logging should also be tested to explore mineralized zones for fluorine dispersion aureoles. For instance, it may be possible that for syngenetic mineralisations of different elemental compositions in topaz greisens existing correlations with fluorine concentrations may be used to determine cassiterite contents in an indirect way.

Received July 30, 1984

References

[1] *W. Loetzsch, R. Winkler,* Isotopenpraxis **17** (1981) 396

[2] *V. B. Chermeninov,* Acad. Sci. USSR, Sibirian Branche, Novosibirsk **1981**, 4127

[3] *A. A. Barenbaum, K. I. Yakubson,* Razvedochnaja geofizika, Moskva **70** (1976) 161

[4] *J. A. Czubek,* Modern trends in mining geophysics and well logging for mineral exploration. Paper No. 11 in Internat. Symp. on Geophysics and Geochemistry applied to the Search for Metallic Ores, „Exploration 77", held in Ottawa 16. – 20. Oct. 1977

[5] *N. Miehme,* Schaltungsanordnung zur Verstärkungsstabilisierung von Strahlungsdetektoren. DDR-WP 1563 38, Int. Cl.³ G01T 1/40 30. 6. 80/18. 8. 82

[6] Not published report of VIRG, NPO Rudgeofizika, Alma-Ata 1983

[7] *I. Balogh, J. Horvath,* Geofiz. Közlemenyek, Budapest **29** (1983) 173

[8] *P. L. Eisler, P. J. Mathew, S. J. Yaul, A. W. Wylie,* Geoexploration, Dortrecht **17** (1979) 43

[9] *J. Szewczyk,* Institute of Geology, Warsaw 1981

[10] *C. G. Clayton, M. R. Wormald,* The use of nuclear techniques for coal analysis in exploration, mining and processing. Internat. Confer. on Industr. Applic. of Radioisotopes and Radiation Technology. Grenoble 1981, IAEA, CH 40 – 119

Isotopenpraxis 21 (1985) 4, S. 122 bis 127

Rationelle Kalibrierung von Neutronensonden bei der radiometrischen Wassergehaltsbestimmung
Anwendung unter Meßnetz- und Feldversuchsbedingungen

U. Wendling, G. Kleinstäuber

(Meteorologischer Dienst der DDR, Forschungsinstitut für Agrarmeteorologie[1]); AdL der DDR, Forschungszentrum für Bodenfruchtbarkeit Müncheberg, Bereich Jena[2]))

Die Bestimmung der Bodenfeuchte mit Hilfe der Neutronensonden bedarf der Kalibrierung unter den jeweils gegebenen Einsatzbedingungen. Es werden Verfahren für eine rationellere Kalibrierung vorgestellt, die unter Feldbedingungen einfach ausführbar sind. Einige praktische Beispiele illustrieren das vorgeschlagene Verfahren.

Determinations of soil moisture with the aid of neutron moisture meters require calibrations under real conditions. Some efficient methods for calibrating such moisture gauges are described and working examples are presented.

Keywords

calibration; hygrometry; measuring instruments; moisture gages; radiometric gages; soils

1. Einführung

Zur Erfassung des eng mit der Witterung gekoppelten zeitlichen Verlaufs der Bodenfeuchte sind im Netz der meteorologischen Stationen, an Forschungseinrichtungen der Land- und Forstwirtschaft wie auch in der Wasserwirtschaft heute vorwiegend Neutronensonden im Einsatz. Bei der radiometrischen Bodenfeuchtemessung auf der Grundlage der Neutronenbremsung und -streuung treten die von einer Neutronenstrahlungsquelle gelieferten schnellen Neutronen in Form elastischer Stöße mit den Atomkernen des umgebenden Bodens in Wechselwirkung. Dieser als Moderierung bezeichnete Vorgang erfolgt hauptsächlich an den Wasserstoffkernen im Bodenwasser. Dabei sind die Bodenbestandteile als quasikonstanter Bremsuntergrund anzusehen, während sich der Bodenwasservorrat mit der Witterung ständig ändert. Die Intensität der registrierten moderierten Neutronen ist somit in den oben genannten Anwendungsbereichen ein hinreichend genaues Maß für die Bodenfeuchte.

Die Neutronenmethode ist im Gegensatz zur gravimetrischen Methode mit Probenentnahme und Trocknung keine direkte Bestimmung und erfordert stets eine aufwendige Kalibrierung. Für diese Kalibrierung sind Behälter- und Standortverfahren entwickelt worden. Sie müssen jeweils für den Boden des Standorts, gegebenenfalls sogar für die einzelnen Bodenschichten angewandt werden. Im weitverteilten Meßnetz des Meteorologischen Dienstes wie auch bei den über einen größeren Zeitraum laufenden Meßprogrammen in der Wasserhaushaltsforschung ist demzufolge für die Aktualisierung der Kalibrierung bei Anwendung der herkömmlichen Verfahren ein erheblicher Arbeitsaufwand erforderlich. In [1] geben die Verfasser ein Verfahren an, mit dem dieser Aufwand bedeutend gesenkt werden kann.

Schon 1967 fordern *Bell* und *McCulloch* [2] die Schaffung eines Kalibrierbehälters, der „nicht zu kostspieglig, gut lagerbar und genau reproduzierbar" sein muß. Neuerdings stellen *Lehnardt* und *Brechtel* [3] eine Kalibrierstation mit vier völlig eingeschweißten großen Bodenmonolithen vor. *Luft* [4] verwendet einen Satz von sechs Polyäthylenzylindern zur regelmäßigen Kontrolle der Kalibrierbeziehung. Der in [1] beschriebene Kalibrierbehälter kommt jedoch den Forderungen in [2] am nächsten. Seine Anwendung in einem Meßnetz, in dem Neutronen-Tiefensonden vom Typ S-23 bzw. S-23.1 (Hersteller: Bauakademie der DDR, Institut für Industriebau, Bereich Dresden) zur quasikontinuierlichen Bodenfeuchtemessung eingesetzt sind, wird nachfolgend an einigen Beispielen erläutert.

2. Ausgangskalibrierbeziehung und ihre Gültigkeitsgrenzen

Vom Hersteller werden die Neutronensonden in der Regel mit einer Kalibrierbeziehung für die Erdstoffe „bindig", „nichtbindig" und „Gemisch" geliefert. Diese Ausgangskalibrierbeziehung wird nach dem Behälterverfahren gemäß TGL 11461/08 [5] durchgeführt. Das Ergebnis ist eine Beziehung der Form

$$I_n = a + b_1 \cdot w + b_2 \cdot w^2 \tag{1}$$

wobei I_n die am radiometrischen Meßplatz angezeigte Impulsrate in min^{-1}, w die Bodenfeuchte in %(Vol.) und a, b_1 und b_2 sonden- und erdstoffspezifische Koeffizienten bedeuten. Angegeben werden aus Gl. (1) berechnete Wertetabellen für jeden Erdstoff (Tab. 1).

Aus der Theorie der Neutronenbremsung [6] folgt, daß man durch Berücksichtigung der Trockenrohdichte ϱ_d in Gl. (1) eine verbesserte Kalibrierbeziehung erhält. Es gilt dann

$$I_n = a + b_1 \cdot w + b_2 \cdot w^2 + b_3 \cdot w \cdot \varrho_d \tag{2}$$

Mit den Wertesätzen der Ausgangskalibrierung der Neutronensonde S-23.1 Nr. 080 für den Erdstoff bindig[3]) führt die Regressionsrechnung nach Gl. (2) für eine mittlere

Anschriften: [1]) 4020 Halle (S.), Am Donnersberg 12; [2]) 6900 Jena, Naumburger Str. 98a

[3]) Das Datenmaterial wurde freundlicherweise vom Institut für Industriebau, Bereich Dresden, der Bauakademie der DDR zur Verfügung gestellt.

Tab. 1. Ausgangskalibrierbeziehung (Behälterkalibrierung beim Hersteller) der Neutronen-Tiefensonde S-23.1 Nr. 080; Erdstoff „bindig“ (Kontrollimpulsrate $I_{no,K} = 63\,323\ min^{-1}$, Meßtermin 1. 11. 1978)

w; %(Vol.)	5	10	15	20
$I_{n,K}$; min^{-1}	11574	18953	25680	31755
w; %(Vol.)	25	30	35	40
$I_{n,K}$; min^{-1}	37177	41946	46063	49528

Trockenrohdichte von $\bar{\varrho}_d = 1{,}4\ g/cm^3$ zu der für die weiteren Betrachtungen verwendeten Ausgangskalibrierbeziehung

$$I_{n,K} = 2071 + 1855 \cdot w - 16{,}8 \cdot w^2 \quad (3)$$

Sie gilt exakt nur für den verwendeten radiometrischen Meßplatz einschließlich der genannten Sonde und nur bei der zum Zeitpunkt der Kalibrierung im Arbeitsbehälter der Sonde gemessenen Kontrollimpulsrate $I_{no,K}$. Weiterhin ist sie an das verwendete Sondierrohr, den speziellen Erdstoff mit seinen chemischen und physikalischen Eigenschaften und den vorgegebenen Wert von $\bar{\varrho}_d$ gebunden. Diese Gültigkeitsforderungen schränken die Anwendung von Gl. (3) und damit des Meßverfahrens zunächst ein.

Beim Einsatz der Neutronensonden zur Aufnahme von Bodenfeuchtemeßreihen an den Netzstationen oder in Feldversuchen lassen sich die genannten Voraussetzungen meist nicht einhalten. Die Kontrollimpulsraten zu den Meßterminen sind oft nicht identisch mit denen bei der Ausgangskalibrierung. Sie können innerhalb zulässiger Grenzen schwanken, diese aber auch übersteigen. Allgemein sind nach der Theorie der *Poisson*-Verteilung für aufeinanderfolgende Impulszählungen die Toleranzgrenzen ΔI (Meßunsicherheit in Prozent) gegeben durch

$$\Delta I = \pm a(\alpha) \cdot 100/\sqrt{I \cdot t} \quad (4)$$

mit z. B.

$$a(\alpha) = 1{,}96 \text{ bei } \alpha = 5\%\,,$$

wobei t die Meßzeit in min und I die Impulsrate in min^{-1} ist. So betrug z. B. die Kontrollimpulsrate der Neutronensonde S-23.1 Nr. 080 bei der Ausgangskalibrierung $I_{no,K} = 63\,323\ min^{-1}$, und es hätte demnach bei $\alpha = 5\%$ die Einzelmessung mit $t = 1$ min eine Schwankung von $\Delta I = \pm\,0{,}8\%$ (ca. 500 min^{-1}).

Diese aus dem radioaktiven Zerfallsprozeß statistisch errechenbare Zufallsschwankung ist für eine Festlegung der Gültigkeitsgrenzen der Kalibrierbeziehung zu gering. Oftmals haben zeitlich nicht unmittelbar aufeinanderfolgende Messungen eine wesentlich größere Schwankung der Kontrollimpulsraten, ohne daß dafür immer die systematischen Ursachen erkennbar sind. Der Hersteller gibt als zulässige Grenzen der Kontrollimpulsraten der Neutronensonden vom Typ S-23 $\Delta I = \pm\,3\%$ an.

Beim Einsatz der oben genannten Sonde an der Meteorologischen Station Quedlinburg in der Zeit von Mai 1981 bis Oktober 1982 lag die Kontrollimpulsrate z. B. im Mittel über den genannten Zeitraum bei $\bar{I}_{no} = 59\,364\ min^{-1}$ mit einer Schwankung $\Delta I_{no} = \pm\,4{,}5\%$[4]); sie lag also oberhalb des vom Hersteller angegebenen Grenzwertes. Da die höchsten Werte im Sommer, die niedrigsten im Winter auftraten, kann hierfür als systematische Ursache der Einfluß der Temperatur vermutet werden.

[4]) Hier und im folgenden wird stets von einer Irrtumswahrscheinlichkeit von $\alpha = 5\%$ ausgegangen.

Entgegen der in [5] festgelegten Vorschrift, nach der bis zum Grenzwert von $\pm 3\%$ die Kalibrierbeziehung Gl. (1) uneingeschränkt anwendbar ist, wird empfohlen auch schon bei Abweichungen der Kontrollimpulsraten bis zu dieser Grenze eine Korrektur der gemessenen Impulsraten vorzunehmen. Dazu erfolgt entweder eine generelle Berechnung der relativen Impulsraten zu jedem einzelnen Meßtermin i:

$$Q_{n,i} = 100\ I_{n,i}/I_{no,i} \quad (5)$$

d. h. die Impulsraten werden in Prozent der zum jeweiligen Termin gemessenen Kontrollimpulsraten angegeben, so daß statt der Gl. (3) als Ausgangskalibrierbeziehung gilt:

$$Q_{n,i} = 3{,}27 + 2{,}929 \cdot w - 0{,}0265 \cdot w^2 \quad (6)$$

oder es wird eine Rückrechnung der zum Termin i gemessenen Impulsraten auf die Werte zum Zeitpunkt der Ausgangskalibrierung durchgeführt:

$$I_{n,K} = I_{n,i}(I_{no,K}/I_{no,i}) \quad (7)$$

Aus Gl. (6) kann w über eine Wertetabelle entsprechend Tab. 1 oder eine graphische Darstellung ermittelt werden. In Verbindung mit Gl. (7) läßt sich Gl. (3) für geeignete Stufen von $I_{no,i}$ (z. B. 100 min^{-1} oder 500 min^{-1}) leicht tabellieren. Es entsteht dann ein Tabellensatz, der den zulässigen Schwankungsbereich von $I_{no,i}$ überdecken muß.

3. Aktualisierung bzw. Neuermittlung der Ausgangskalibrierbeziehung

3.1. *Anwendbarkeit der entwickelten Methode*

Bei der Anwendung der Neutronensonden im praktischen Meßbetrieb empfiehlt es sich, über die Gültigkeit einer vorliegenden Kalibrierbeziehung nicht nur anhand der Kontrollimpulsrate zu entscheiden, sondern diese Entscheidung aus ihrer gesamten Überprüfung abzuleiten. Die als Patent vorliegende Methode [7] gibt die Möglichkeit, Kalibrierbeziehungen von Neutronensonden schnell zu überprüfen, aber auch gegebenenfalls einer notwendigen Aktualisierung bzw. Neuermittlung zu unterziehen. Dabei ist es zweckmäßig, eine solche Überprüfung auch dann vorzunehmen, wenn die Kontrollimpulsrate die angegebene zulässige Grenze von $\Delta I = \pm\,3\%$ noch nicht überschreitet, da eine gute Übereinstimmung der Kontrollimpulsraten nicht in jedem Falle Gewähr für die Gültigkeit der Kalibrierbeziehung bietet. Die oben beschriebene Korrektur gemäß Gl. (5) bzw. (7) würde in einem solchen Falle wirkungslos bleiben.

Die Methode sollte immer dann angewendet werden, wenn Eingriffe am radiometrischen Meßplatz einschließlich der Neutronensonde vorgenommen worden sind. Solche Eingriffe führen zwar im allgemeinen, aber nicht immer, zu einer Änderung der Kontrollimpulsrate [1]. Langzeitveränderungen der Parameter des radiometrischen Meßplatzes bewirken dagegen in jedem Falle eine Änderung der Kontrollimpulsrate. Bei der Einbeziehung von Neutronensonden mit noch fehlenden Kalibrierbeziehungen in ein laufendes Bodenfeuchtemeßprogramm bzw. bei der Überprüfung der vom Sondenhersteller mitgelieferten Ausgangskalibrierbeziehungen zu einem späteren Zeitpunkt ist die angegebene Methode gleichfalls unentbehrlich.

Die Methode kann nicht zur Anwendung kommen, wenn die Kalibrierbeziehung durch eine Änderung des Erdstoffes (physikalisch-chemische Zusammensetzung) oder des Sondierrohrmaterials beeinflußt wird.

Zur Durchführung des Verfahrens ist ein Kalibrierbehälter [7] erforderlich. Mit ihm erfolgt zunächst die Fixierung der Ausgangskalibrierbeziehung, z. B. von Gl. (3), durch Messungen zum Zeitpunkt der Ermittlung der Ausgangskalibrierbeziehung oder unmittelbar danach. Im vorliegenden Fall wurde sie nach Erwerb der Neutronensonde im Mai 1979 durchgeführt (Tab. 2). Durch Einschieben von Moderatorstäben (Miramid) bzw. Absorberstäben (PVC) in die Führungsrohre des Behälters stellt man die vorgesehenen Kalibrierstufen ein und mißt mit der Neutronensonde, für die die Ausgangskalibrierung gilt, die zugehörigen Impulsraten. Dabei werden die Kalibrierstufen durch die Anzahl der Stäbe gekennzeichnet (Miramid: $\nu > 0$, PVC: $\nu < 0$). Mittels der inversen Form von Gl. (3) ergeben sich aus den $I_{n,\nu}$ der Kalibrierstufen diesen zugeordnete Bodenfeuchten w_ν (Tab. 2). Sie fixieren die Ausgangskalibrierbeziehung, sind jederzeit exakt reproduzierbar und stellen die Voraussetzung für die Berechnung der Zielkalibrierbeziehung dar, durch die die Aktualisierung bzw. Neuermittlung realisiert wird. Die Anwendung der Methode zur rationellen Kalibrierung soll nachfolgend an einigen Beispielen erläutert werden.

Tab. 2. Fixierung der Ausgangskalibrierbeziehung der Neutronen-Tiefensonde S-23.1 Nr. 080; Erdstoff „bindig" (Kontrollimpulsrate $I_{no} \approx 63\,300$ min^{-1}, Meßtermin 3. 5. 1979)

Kalibrierstufen (= Anzahl der Stäbe) ν	Impulsraten $I_{n,\nu}$ min^{-1}	zugeordnete Bodenfeuchtewerte w_ν %(Vol.)
−2	7014	2,7
−1	9788	4,3
0	16137	8,2
1	20924	11,3
2	26085	15,0
3	31396	19,1
4	38029	25,1
5	43775	31,5
6	48457	38,3

3.2. *Aktualisierung bei Kontrollimpulsraten außerhalb der zulässigen Grenzen*

Zunächst soll der in der Praxis häufig vorliegende Fall der Änderung der Kalibrierbeziehung nach einer Reparatur am radiometrischen Meßplatz, insbesondere der Neutronensonde (z. B. Austausch des Zählrohres der Sonde) behandelt werden. Die zur Fixierung der Ausgangskalibrierbeziehung verwendete Sonde S-23.1 Nr. 080 hatte nach einer solchen Reparatur ab Mai 1981 eine um etwa 8% verringerte Kontrollimpulsrate aufzuweisen. Da in diesem Falle mit einer Veränderung der Kalibrierbeziehung zu rechnen war, mußte vor ihrem erneuten Einsatz eine Überprüfung mittels des Kalibrierbehälters durchgeführt werden (Tab. 3). Die ermittelte Zielkalibrierbeziehung weicht nach der Reparatur deutlich von der Ausgangskalibrierbeziehung ab (Abb. 1). Eine Verwendung nur relativer Impulsraten gemäß Gl. (5) hätte die eingetretenen Veränderungen der Kalibrierbeziehung in diesem Falle nicht kompensiert. Ohne eine Aktualisierung der Kalibrierbeziehung nach der Reparatur wäre demzufolge die Bodenfeuchte im Meßbereich mit einem systematischen Fehler von 1−5%(Vol.) behaftet gewesen.

Tab. 3. Ermittlung der Zielkalibrierbeziehung der Neutronen-Tiefensonde S-23.1 Nr. 080; Erdstoff „bindig", nach Reparatur (Austausch des Zählrohres) (Kontrollimpulsrate $I_{no} = 58\,379$ min^{-1}, Meßtermin 14. 5. 1981)

Kalibrierstufen ν	Impulsraten absolut $I_{n,\nu}$ min^{-1}	Impulsraten relativ $Q_{n,\nu}$ %	zugeordnete Bodenfeuchtewerte (Tab. 2) w_ν %(Vol.)
−2	5838	10,0	2,7
−1	8874	15,2	4,3
0	13180	22,6	8,2
1	17777	30,5	11,3
2	21376	36,6	15,0
3	25973	44,5	19,1
4	31400	53,8	25,1
5	36827	63,1	31,5
6	42531	72,9	38,3

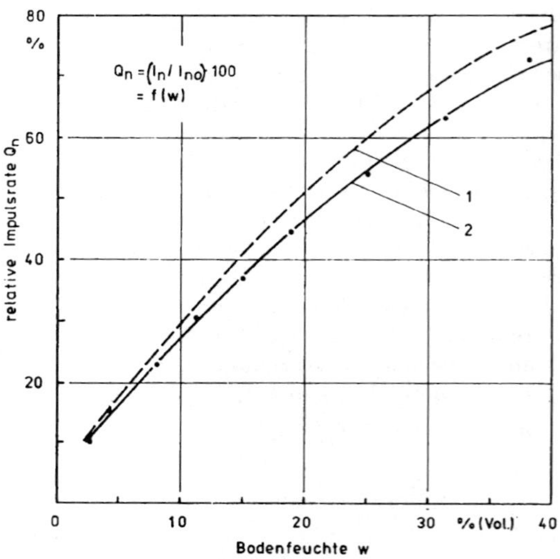

Abb. 1. Aktualisierung der Ausgangskalibrierbeziehung nach Austausch des Zählrohres der Neutronen-Tiefensonde S-23.1 Nr. 080

1 – Ausgangskalibrierbeziehung (nach Gl. (6)); 2 – Zielkalibrierbeziehung

Durch die im Beispiel beschriebene Aktualisierung der Kalibrierung wurde die ursprüngliche Meßgenauigkeit bei der Sonde Nr. 080 wieder hergestellt. Aus Gründen des Ausschlusses jeglicher Störeinflüsse (Transporteinwirkungen usw.) wird diese Aktualisierung zweckmäßigerweise unmittelbar am Einsatzort vor dem Beginn der Meßreihe durchgeführt. Hierbei ist es von Vorteil, daß der Kalibrierbehälter leicht zu handhaben und zu transportieren ist und die Messungen nur einen geringen Zeitaufwand erfordern.

3.3. *Aktualisierung bei Kontrollimpulsraten innerhalb zulässiger Grenzen, aber nach vorgenommenen Eingriffen*

Wie bereits erwähnt, ist die Übereinstimmung der Kontrollimpulsraten vor und nach Eingriffen am radiometrischen Meßplatz einschließlich der Neutronensonde kein sicheres Kriterium für die Konstanz der Kalibrierbeziehung.

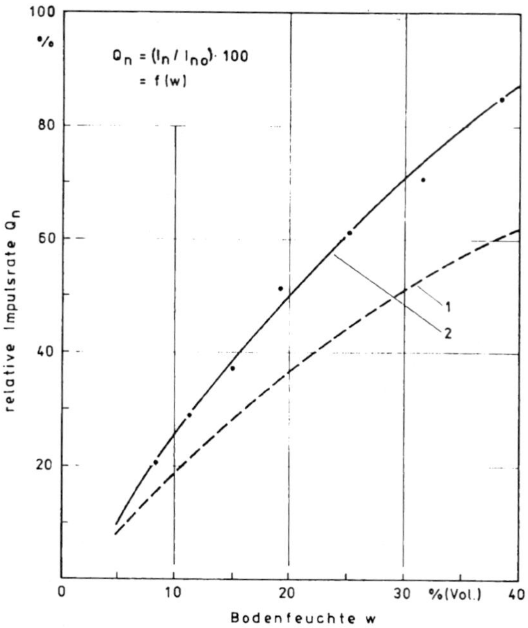

Abb. 2. Aktualisierung der Ausgangskalibrierbeziehung der Neutronen-Tiefensonde S-23 Nr. 055 nach einem vorgenommenen Eingriff bei nahezu unveränderter Kontrollimpulsrate

1 — Ausgangskalibrierbeziehung ($I_{no,K}$ = 9450 min⁻¹); 2 — Zielkalibrierbeziehung ($I_{no,i}$ = 9394 min⁻¹)

Zum Beispiel ist nach der Reparatur die Kontrollimpulsrate der Neutronensonde S-23 Nr. 055 wieder auf den ursprünglichen Wert eingestellt worden, die Abweichung liegt unter 1%. Die Überprüfung im Kalibrierbehälter ergab jedoch eine wesentliche Erhöhung der Impulsraten (Abb. 2). In diesem Falle wäre ohne Aktualisierung der Kalibrierbeziehung — auch bei Berechnung relativer Impulsraten gemäß Gl. (5) — die Bodenfeuchte mit einem relativen Fehler von 25 bis 30% ermittelt worden.

3.4. *Neuermittlung der Kalibrierbeziehung für weitere Sonden*

Die Einbeziehung zusätzlicher Neutronensonden in ein Meßprogramm kommt bei Ausfall von Sonden infolge von Defekten oder bei Erweiterung des Untersuchungsumfanges bei Feldversuchen häufig vor. Erfahrungsgemäß sind die vom Hersteller zu den einzelnen Sonden gelieferten Kalibrierbeziehungen zum Einsatztermin z. T. nicht mehr zuverlässig genug, wobei zunächst wieder die Änderung der Kontrollimpulsraten als Kriterium herangezogen werden muß. Damit macht sich neben der Nachprüfung der Gültigkeit der Ausgangskalibrierbeziehung vor dem Einsatz oftmals die Neuermittlung für hinzugezogene Sonden erforderlich.

Als Beispiel dafür wird der Fall behandelt, für vier Neutronensonden vom Typ S-23.1 zweier Lieferungen (Nr. 081, 082, 088 und 089) zu überprüfen, ob die vom Hersteller übergebenen Kalibrierbeziehungen zum Einsatztermin noch gültig waren. Des weiteren war gegebenenfalls eine Neuermittlung der Kalibrierbeziehung vorzunehmen, wobei dafür die Ausgangskalibrierbeziehung der schon im Meßprogramm eingesetzten Sonde S-23.1 Nr. 080 zugrunde gelegt werden sollte. Die Messungen der Kontrollimpulsraten (Tab. 4) zeigten bei den Sonden Nr. 081 und 089 beträchtliche Abweichungen, so daß eine Veränderung der Kalibrierbeziehung vermutet werden mußte. Die Messungen im Kalibrierbehälter mit den genannten Neutronensonden bestätigen das (Abb. 3). Nur für die Sonden Nr. 082 und 088 mit geringen Abweichungen der Kontrollimpulsraten innerhalb der zulässigen Grenzen können die Kalibrierbeziehungen, die vom Hersteller aufgenommen worden waren, noch als gültig angesehen werden. Bei den übrigen beiden Neutronensonden hatten sich bei allen Kalibrierstufen die relativen Impulsraten erhöht.

Tab. 4. Kontrollimpulsraten vor der Ermittlung der Zielkalibrierbeziehungen von weiteren, neu in das Meßprogramm einbezogenen Neutronen-Tiefensonden vom Typ S-23.1

Sonde Nr.	Kontrollimpulsraten beim Hersteller $I_{no,K}$ min⁻¹	Kontrollimpulsraten zum Termin $I_{no,i}$ min⁻¹	Abweichungen %
081	60978	56052	−8,1
082	79004	77927	−1,4
088	100500	99974	−0,5
089	97500	89094	−8,6

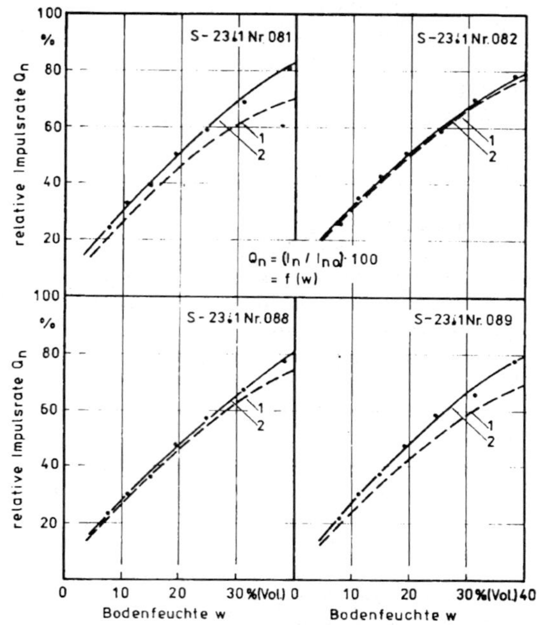

Abb. 3. Neuermittlung von Kalibrierbeziehungen für vier Neutronen-Tiefensonden vom Typ S-23.1

1 — Ausgangskalibrierbeziehungen, vom Hersteller mitgeliefert (entsprechend Gl. (6)); 2 — Zielkalibrierbeziehungen zum Einsatztermin

Die Zielkalibrierbeziehungen wurden für alle vier zusätzlich einbezogenen Sonden aus den Wertepaaren ($Q_{n,v}$; w_v) berechnet:

Sonde Nr.	Zielkalibrierbeziehung	
081	$Q_{n,i} = 5{,}10 + 2{,}517\,w - 0{,}0144\,w^2$	(8)
082	$Q_{n,i} = 6{,}28 + 2{,}811\,w - 0{,}0249\,w^2$	(9)
088	$Q_{n,i} = 2{,}29 + 2{,}628\,w - 0{,}0169\,w^2$	(10)
089	$Q_{n,i} = 2{,}15 + 2{,}623\,w - 0{,}0167\,w^2$	(11)

Diese Gleichungen bilden die Grundlage für die Berechnung von Wertetabellen zur Bestimmung der Bodenfeuchte an den Einsatzorten. Im Bodenfeuchte-Meßnetz des Meteorologischen Dienstes der DDR garantiert dieses Verfahren eine gute Vergleichbarkeit der Messungen aller Neutronensonden des gleichen Typs, die an verschiedenen Stationen — bei einheitlichem Sondierrohr — eingesetzt sind. Alle Sonden wurden über dieses Verfahren mittels Kalibrierbehälter an eine einmal fixierte Ausgangskalibrierbeziehung angeschlossen, sie sind daher bei Defekten auch jederzeit austauschbar. Analog kann beim Einsatz von mehreren Neutronensonden in Feldversuchen der landwirtschaftlichen Forschung verfahren werden.

4. Übertragung der Kalibrierbeziehung auf einen Boden mit anderer Zusammensetzung

Die vom Hersteller der Neutronensonden für die Kalibrierung verwendeten drei Erdstoffe überdecken wohl bezüglich der physikalischen Beschaffenheit, insbesondere der Körnung, die im Bauwesen vorkommenden Anwendungsbedingungen, sind aber im Oberboden wegen seines stark differenzierten Bremsuntergrundes der Neutronen nicht ausreichend. Damit ergibt sich eine neue, bei der Kalibrierung zusätzlich zu beachtende Problematik. Sie besteht in der Übertragung einer für einen bestimmten Boden gültigen Kalibrierbeziehung auf einen oder mehrere andere Standorte eines Versuchsprogramms. Dabei ist zu beachten, daß sich die Zusammensetzung und die Trockenrohdichte (d. h. der Bremsuntergrund für Neutronen) am Standort mit der Tiefe kontinuierlich oder schichtweise ändern können.

Unter Feldversuchsbedingungen ist es noch möglich, für einen einheitlichen Standort Behälterkalibrierungen einzeln durchzuführen oder evtl. beim Hersteller der Sonden anstelle der Standardkalibrierungen („bindig", „nicht bindig", „Gemisch") anfertigen zu lassen. Dann können diese speziell für den Boden am Standort gültigen Kalibrierbeziehungen der verschiedenen Schichten wie oben beschrieben zur Fixierung verwendet werden. In einem größeren Versuchsprogramm oder in einem Meßnetz ist dieses Vorgehen jedoch wegen der Vielzahl der unterschiedlichen Standorte nicht zu realisieren. Es wurde daher das in [8] ausführlich dargelegte Verfahren entwickelt, wobei von einer einmal fixierten Ausgangskalibrierbeziehung (Standardkalibrierung oder spezielle Kalibrierung für einen Standort) auszugehen ist. Alle anderen Sonden werden angeschlossen, indem gemäß Abschnitt 3.4. neue Zielkalibrierbeziehungen ermittelt werden. In einem nächsten Schritt lassen sich dann die unterschiedlichen Bodeneigenschaften (d. h. der spezielle Bremsuntergrund am Standort) durch spezifische Korrekturen berücksichtigen.

Analog zum Verfahren der Standortkalibrierung werden diese Korrekturen durch gleichzeitige gravimetrische Bodenfeuchtemessungen (w) und radiometrische Messungen (Q_n) bestimmt, erstmals beim Einbohren der Sondierrohre und dann zu einigen weiteren Terminen. Eine Berechnung der Kalibrierbeziehung nur aus diesen Werten wäre zu ungenau, da sie sich nur auf einen Teil des gesamten Schwankungsbereiches der Bodenfeuchte beschränken und methodisch bedingt eine relativ große Streuung aufweisen. Für die Neutronensonde, mit der die radiometrische Messung zur Ermittlung von Q_n erfolgt ist, steht jedoch nach Anwendung des oben beschriebenen Verfahrens schon eine Zielkalibrierbeziehung zur Verfügung. Sie gilt nur nicht exakt für den jeweiligen Standort, sondern ist z. B., wie bei Gl. (8)—(11), auf den Erdstoff „bindig" bezogen, unter Annahme einer Trockenrohdichte von $\varrho_d = 1{,}4\ g/cm^3$. Zwangsläufig ergibt sich daher eine Differenz D zwischen dem aus Q_n mittels der nicht für den Standort gültigen Zielkalibrierung berechneten Bodenfeuchtewert w' und dem gravimetrisch ermittelten wirklichen Wert w:

$$D = w - w' \tag{12}$$

Ist jedoch D bekannt bzw. durch eine genügende Anzahl gravimetrisch-radiometrischer Vergleichsmessungen und nachfolgender Mittelbildung berechnet worden, kann die für einen beliebigen Erdstoff gültige Zielkalibrierbeziehung so korrigiert werden, daß sie hinreichend genau für die Bedingungen am Standort gilt.

Tab. 5. Standort- und tiefenspezifische Korrektur D des unterschiedlichen Bremsuntergrundes für Neutronen Station, Quedlinburg

Meßtiefe im Boden	Anzahl der Wiederholungsmessungen	Korrektur $\bar{D}$ %(Vol.)	mittlerer Fehler von $\bar{D}$ %(Vol.)
10	16	−2,5	±1,0
20	10	−3,9	±0,6
40	10	−3,1	±0,7
60	10	−2,7	±0,6
80, 100	16	+1,5	±0,8

An der Station Quedlinburg ergaben sich aus Vergleichsmessungen zu acht Terminen Mittelwerte für D von etwa −3 %(Vol.) in der Schicht bis 60 cm Tiefe (sandiger Lehm), während darunter, verbunden mit einem Anstieg von ϱ_d und beginnenden Ton-Kies-Schichten, ein Anstieg von $\bar{D}$ auf +1,5 %(Vol.) festgestellt wurde. Der mittlere Fehler des Mittelwertes $\bar{D}$ bei $\alpha = 5\%$ ist maximal 1 %(Vol.), wobei die Fehler in 10 cm Tiefe am größten sind (Tab. 5). Das bedeutet, daß die obere Bodenschicht an der Station Quedlinburg im Vergleich zum Erdstoff „bindig" einen höheren Bremsuntergrund hat, bedingt

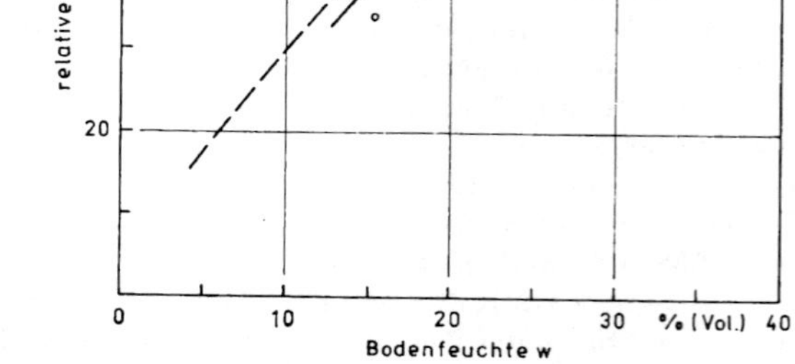

Abb. 4. Übertragung der Ausgangskalibrierbeziehung für den Erdstoff „bindig" auf den Boden an der Station Quedlinburg mittels Standortkalibrierung; Neutronen-Tiefensonde S-23.1 Nr. 080

+ Einzelwerte der Standortkalibrierung, Schicht 20—70 cm Tiefe, humoser sandiger Lehm; ○ Einzelwerte der Standortkalibrierung, Schicht 70—120 cm Tiefe, Ton-Kies-Schichten

1 — Ausgangskalibrierbeziehung (nach Gl. (6)); 2 — bodenspezifisch korrigierte Ausgangskalibrierbeziehungen (2a — Schicht 20—70 cm Tiefe, 2b — Schicht 70—120 cm Tiefe)

besonders durch den Humusgehalt der Böden in natürlicher Lagerung, während die Schichten ab 80 cm Tiefe einen geringeren Bremsuntergrund aufweisen. Das zeigt sich in einer entsprechenden Verschiebung der Kalibrierkurven (Abb. 4).

Die so berechneten standort- und tiefenspezifischen Korrekturen D sind von der gerade verwendeten Sonde (bei gleichem Typ) unabhängig, sie gelten nach einem notwendigen Austausch von Geräten zwecks Reparatur weiter. Das erleichtert den Betrieb eines Meßnetzes sowie die Durchführung von Feldmessungen mit mehreren Sonden wesentlich.

Schlußbemerkungen

Mit den vorgestellten Beispielen aus der praktischen Anwendung der Neutronen-Tiefensonden S-23 bzw. S-23.1 zur Wasservorratsbestimmung im Boden unter Meßnetz- und Feldversuchsbedingungen soll die 1982 veröffentlichte Arbeit [1] zur rationellen Kalibrierung dieser Sonden vor allem im Hinblick auf die Applikationsvielfalt der entwickelten Methode erweitert werden. Sie geben dem Anwender die Möglichkeit, den Wasservorrat im Boden zuverlässiger zu messen und erschließen dadurch letztlich den Neutronen-Tiefensonden eine breitere Anwendung in der Praxis.

Eingegangen am 16. 5. 1984

Literatur

[1] *G. Kleinstäuber, U. Wendling*, Isotopenpraxis **18** (1982) 373
[2] *J. P. Bell, J. S. G. McCulloch*, Journal of Hydrology **7** (1969) 415
[3] *F. Lehnardt, H. M. Brechtel*, Dt. gewässerkdl. Mitt. **24** (1980) 124
[4] *G. Luft*, Dt. gewässerkdl. Mitt. **25** (1981) 60
[5] TGL 11461/08
[6] *N. A. Kolev*, Isotopenpraxis **15** (1979) 254
[7] *U. Wendling, G. Kleinstäuber*, Patentschrift 160378 (1980)
[8] *U. Wendling*, Abh. MD der DDR **126** (1981) 42 S.

Isotopenpraxis **21** (1985) 4, S. 127 bis 130

Untersuchung von adsorptiv und kristallin gebundenem Wasser im Beton durch das Studium von Austauschprozessen mit Hilfe von D_2O-Markierung und NMR-Feldgradientenimpulstechnik

A. Herrmann

(Technische Hochschule Leipzig, Sektion Naturwissenschaften, Lehrstuhl Physik)[1]

Der Austausch der Wasserstoffisotope H und D zwischen den verschiedenen Bindungszuständen im Beton wird experimentell verfolgt. Als Meßverfahren dient die magnetische Kernresonanz (Protonen-NMR). Eine Trennung zwischen chemisch gebundenen und physikalisch adsorbierten Wassermolekülen ist möglich. Zum Nachweis des D_2O-H_2O-Gemisches dient der mit der NMR gemessene Diffusionskoeffizient. Es kann gezeigt werden, daß ein Herauslösen des chemisch eingebundenen D_2O durch freies H_2O im Zementstein sofort bei Kontaktmöglichkeit beider Phasen eintritt, aber auch Austauschprozesse mit langen Zeitkonstanten vorhanden sind.

The exchange of hydrogene isotopes H and D between different linkage stages in concrete is experimentally followed up. The measurements are carried out by Nuclear Magnetic Resonance (proton-NMR). A distribution between chemically bound and physically adsorbed water molecules is possible. The diffusion coefficient of water in concrete serves as a verification for the D_2O-H_2O-content and is also measured by a NMR-methode. It can be shown that a extraction of chemically bound D_2O by free H_2O in concrete occurs at once at the moment of contact, but there are also exchange processes with large time constants.

Keywords

concretes; isotopic exchange; nuclear magnetic resonance; water

1. Einleitung

Für spezielle Problemstellungen im Bauwesen müssen Betrachtungen über das Verhalten des Wassers im Beton bei Temperaturerhöhungen (besonders bei ungleichmäßiger und sehr schneller Erwärmung) durchgeführt werden. Das trifft z. B. auf das Containment für Kernkraftwerke zu, wo bei Wandstärken von 1,6 m so große Mengen Wasser enthalten sind, daß diese für die Überprüfung der Havariesicherheit nicht unbeachtet bleiben können. Eine ähnliche Problematik ergibt sich beim Anfahren neuerrichteter Schornsteine oder bei der Warmbehandlung im Herstellungsprozeß von Betonfertigteilen.

Transportvorgänge im mikroskopischen Bereich können mit der NMR-Feldgradientenimpulstechnik beobachtet werden. Zur Erfassung von Prozessen in größeren Dimensionen bietet sich neben der Messung mit Neutronensonden die Markierung des Wassers mit Isotopen an. Dabei wurden zwei Wege gegangen:

1. Markierung mit den Wasserstoffisotopen Deuterium und Tritium [1]
2. Beimengen eines wasserlöslichen radioaktiven Tracers [2].

Auch die verwendete NMR-Methode könnte unter den Begriff Markierung eingeordnet werden, denn der Protonenspin wird so markiert, daß feststellbar ist, ob sich das Proton bzw. das Wassermolekül während der Meßzeit von seinem Platz fortbewegt hat.

Im Beton liegt das Wasser nicht nur als Feuchtigkeit vor, sondern es ist auch in das Zementsteingefüge eingebunden. Dieser Umstand begrenzt zum Beispiel die Ein-

[1]) Anschrift: DDR-7030 Leipzig, Karl-Liebknecht-Straße 132

setzbarkeit von Neutronensonden, die in gleicher Weise alle Protonen registrieren. Für die Betrachtungen in dieser Arbeit soll eine Unterteilung in bewegliches (freies) und fest eingebundenes Wasser vorgenommen werden, wobei das fest eingebundene Wasser solches in der Kristallstruktur und in den Gelporen darstellt (genauer in [3, 4]). Das freie Wasser ist mit der NMR-Meßtechnik nachweisbar und befindet sich in Kapillarporen, wobei es erst dann von der verwendeten Maßtechnik erfaßt wird, wenn mehrere Molekülschichten über den Hohlraumwänden angelagert sind. Bei dieser groben Unterteilung soll nicht vergessen werden, daß auch das Wasser in den Gelporen Diffusionsprozessen unterliegt, jedoch ist der Diffusionskoeffizient mindestens eine Größenordnung kleiner als in den Zuständen, die in dieser Arbeit als freies Wasser zusammengefaßt sind.

2. Meßmethode

NMR-Untersuchungen an Zement oder an den chemischen Hauptkomponenten des Zements wurden mit verschiedensten Zielsetzungen durchgeführt [5].

Die NMR-Feldgradientenimpulstechnik bietet die Möglichkeit, Diffusionsprozesse im mikroskopischen Bereich zu messen, ohne äußere Konzentrationsgradienten anlegen zu müssen. Die genaue Beschreibung der Methode findet man bei *Kärger* [6, 7]. Es sollte aber erwähnt werden, daß die dort für Zeolithe angewendeten Meßprogramme sich nicht in dieser Vielfalt auf so heterogene Systeme wie Beton übertragen lassen.

Neu an den hier beschriebenen Messungen ist die Bestimmung von Diffusionskoeffizienten des Wassers in Zementstein aus handelsüblichen Zementen. Da am NMR-Spektrometer nur ein geringes Meßvolumen zur Verfügung steht, wurden die Experimente nicht an Beton, sondern an Zementstein durchgeführt. Sind Effekte des Zuschlagstoffes vernachlässigbar, was für Sand gegeben ist, so können die Ergebnisse auf Beton übertragen werden.

Die Grundlagen der Messungen seien stark vereinfacht zusammengefaßt:

- Gemessen wird die Wechselwirkung eines äußeren Magnetfeldes mit dem Kernspin von Protonen.
- Das Meßprogramm am NMR-Spektrometer wurde so gewählt, daß nur das physikalisch adsorbierte Wasser erfaßt wird.
- Die Amplitudenhöhe des NMR-Signals (Impulsprogramm $\pi/2$, π) ist der im Meßvolumen enthaltenen Anzahl von Protonen proportional, die sich im adsorbierten Wasser befinden.
- Das Wasserstoffisotop (D oder T) liefert keinen Beitrag zum NMR-Signal.
- Durch ein Impulsprogramm mit äußeren Feldgradienten [6] ist der Diffusionskoeffizient bestimmbar (Impulsprogramm: $\pi/2$, Feldgradientenimpuls, π, Feldgradientenimpuls).
- Der Diffusionskoeffizient steigt mit dem prozentualen Wassergehalt des Zementsteines. Ist diese Abhängigkeit bekannt, so kann aus dem Diffusionskoeffizienten auf den Wassergehalt (Wasser = $D_2O + H_2O$) geschlossen werden.
- Die gleichzeitige Messung der Amplitudenhöhe des NMR-Signals und des Diffusionskoeffizienten ermöglicht eine Aussage über Wassergehalt ($H_2O + D_2O$) und prozentualen Anteil von H_2O im freien Wasser. Proben mit gleichem Wassergehalt und unterschiedlicher Protonenzahl besitzen gleiche Diffusionskoeffizienten aber verschiedene Amplitudenhöhen.

3. Experimente

3.1. Probenherstellung

Die Austauschuntersuchungen zwischen H_2O und D_2O wurden an zwei verschiedenen Zementsorten durchgeführt (weißer Zement und Portlandzement PZ 4–45). Der Zement wurde mit H_2O bzw. D_2O vermischt, in die für das NMR-Spektrometer passenden Probenröhrchen gefüllt und verschlossen. Während der Hydratisierung zu Zementstein bestand keine Austauschmöglichkeit mit der Luftfeuchtigkeit. Bei 105 °C fand ein Ausheizen des adsorbierten Wassers statt, anschließend wurden die Proben je nach Untersuchungsziel wieder mit H_2O oder D_2O befeuchtet. Für die folgenden Versuche gelten folgende Bezeichnungen:

WZ = weißer Zement
PZ = Portlandzement

H_2O-Zementstein = Zement, der mit H_2O hydratisierte
D_2O-Zementstein = Zement, der mit D_2O hydratisierte.

3.2. Untersuchung des Austausches zwischen H_2O-Zementstein und D_2O

Tab. 1 gibt eine Übersicht der wichtigsten Meßdaten, die zu diesem Versuchsprogramm erhalten wurden. Der angegebene Wasseranteil wurde durch Wägung ermittelt und durch Bestimmung des Diffusionskoeffizienten kontrolliert. Bereits den in Tab. 1 enthaltenen Informationen kann man entnehmen, daß Austauschprozesse vorhanden sind. Die Zementsteinherstellung erfolgte wie in Kap. 3.1. beschrieben aus Zement und H_2O. Den Proben wurde nach der Trocknung zunächst H_2O zugesetzt, so daß sich ein Teil des Wassers in meßbaren Zuständen als freies Wasser befindet. Anschließend erfolgte die D_2O-Zugabe. Die angegebene Amplitudendifferenz wurde ermittelt, indem zunächst die Signalhöhe nach der H_2O-Zugabe

Tab. 1. Versuchsprogramm und erster Meßwert des Austauschexperimentes H_2O-Zementstein und D_2O
Die Proben aus Portlandzement enthalten zur Zeit der Messung mehr Wasser als Zementstein adsorbieren kann.

Probe	Amplitude des trocknen Zementsteins	H_2O-Zugabe M.-%	D_2O-Zugabe M.-%	Betrag der Amplitudendifferenz 15 min nach D_2O-Zugabe rel. Einh.
WZ 30	0	9	13	35
WZ 31	0	19	13	36
PZ 34	0	20	40	5
PZ 35	0	19	19	2

bestimmt wurde und dann erneut nach der D_2O-Zugabe. Die D_2O-Zugabe hat keinen Einfluß auf die Signalamplitude; erst der Austausch D_2O (oder HDO) aus der beweglichen Phase mit H_2O aus der gebundenen Phase erhöht die Zahl der zum NMR-Signal beitragenden Wasserstoffkerne. Die Austauschprozesse können sowohl durch Platzwechsel von Wassermolekülen, als auch durch Ionenaustausch zwischen OH-Gruppen (OD-Gruppen) der Kristallstruktur und dem freien H_2O (D_2O) realisiert werden.

Abb. 1 gibt die Veränderung der Amplitudenhöhe über einen längeren Zeitraum an. Mit $t = 0$ ist der Zeitpunkt der D_2O-Zugabe gekennzeichnet. Der Amplitudenanstieg resultiert aus der Tatsache, daß H_2O aus chemisch gebundenen Positionen, von denen aus es keinen Beitrag zur NMR-Amplitude liefert, in den adsorbierten Zustand übergeht und nun zum Signal beiträgt. Der freigewordene Platz wird von D_2O-Molekülen eingenommen, deren Wechsel vom adsorbierten in den chemisch eingebundenen Zustand keinen Einfluß auf das Meßsignal hat.

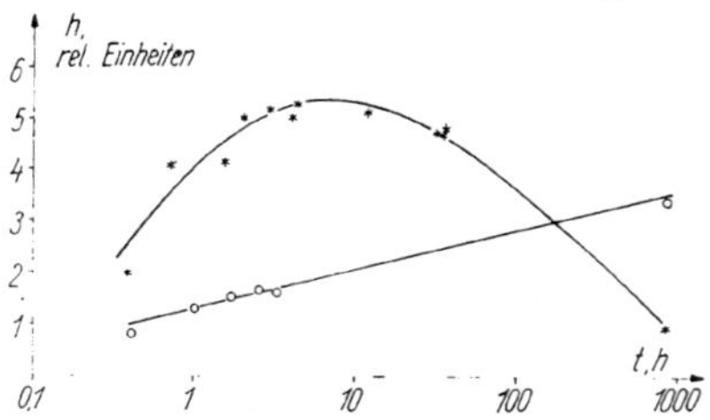

Abb. 1. Änderung der Amplitudenhöhe des NMR-Signals von Zementstein nach D_2O-Zugabe über einen Zeitraum von 1000 h
○ – Probe 34; × – Probe 35

Die Abnahme der Amplitudenhöhe nach ca. 40 Tagen bei Probe 35 zeigt, daß die Hydratation des Zementsteines noch nicht abgeschlossen ist, so daß sich der prozentuale Anteil zwischen freiem und gebundenem Wasser zuungunsten des meßbaren Anteils verschiebt. Bei Probe 34 kommt dieser Vorgang nicht zum Ausdruck, weil der Zementstein während der ganzen Meßperiode mit D_2O überschichtet war, so daß neu eingebundenes Wasser diesem Reservoir entzogen werden konnte.

3.3. *Untersuchung des Austausches zwischen D_2O-Zementstein und H_2O*

Die Herstellung der Zementsteinproben erfolgte für diese Messung aus Zement und D_2O. Nach dem Ausheizen wurde der Wassergehalt mit H_2O so weit erhöht, daß sich ein Teil des Wassers in der beweglichen Phase befand. In Tab. 2 sind die wichtigsten Meßdaten der Versuchsreihe zusammengefaßt.

Vergleichende Experimente mit H_2O-Zementstein + H_2O-Zugabe zeigten, daß auch bei noch andauernder Hydratation Proben, die mit 10 M.-% Wasser befeuchtet wurden, nach 300 h noch Meßsignale aufweisen, so daß für das Ausbleiben des NMR-Signals für die in Tab. 2 dokumentierten Werte nur Austauschprozesse verantwortlich sein können. Bei dieser Versuchsreihe ist folgender Vorgang beobachtbar: H_2O wird zugegeben; danach kommt die Probe sofort in das NMR-Spektrometer. Es überlagern sich zunächst zwei Effekte. Das Wasser durchdringt den Zementstein und gelangt damit in das Meßvolumen der Apparatur. Es entsteht ein Signal, dessen Amplitude zunimmt, bis der Feuchtigkeitsausgleich im Zement so weit fortgeschritten ist, daß keine Protonen zusätzlich ins Meßvolumen gelangen. Gleichzeitig treten Austauschvorgänge auf. H_2O verschwindet aus der physikalisch adsorbierten Phase, trägt nicht mehr zum NMR-Signal bei, und das dafür herausgelöste D_2O liefert keinen Beitrag zur Amplitudenhöhe. Dieser Austauschprozeß verringert das NMR-Signal der Probe und kann so schnell ablaufen, daß der zuerst beschriebene Vorgang nicht beobachtbar ist (z. B. Probe WZ 32, 1. Versuch).

Die Möglichkeit, den Selbstdiffusionskoeffizienten der Wassermoleküle zu bestimmen, die einen Beitrag zum NMR-Signal liefern, erhöht die Aussagekraft der bisherigen Meßwerte. Es kann damit abgesichert werden, daß die Abnahme von H_2O aus der beweglichen Phase ein Austauschprozeß ist und nicht eine zusätzliche Einlagerung an chemisch gebundene Positionen. Das herausgelöste D_2O liefert zwar keinen Beitrag zur Amplitude, erhöht aber die Anzahl der Wassermoleküle in der adsorbierten Phase. Über die Abhängigkeit des Selbstdiffusionskoeffizienten von der „Feuchtigkeit" des Zementsteines ist dieses D_2O indirekt erfaßbar und das in derselben Apparatur mit fast identischem Meßprogramm für H_2O und H_2O-D_2O-Gemisch (nur Variationen der Feldgradientenimpulse).

Weiterhin wurde an einer Probe aus D_2O-Zementstein gezeigt, daß hinzugegebenes H_2O zunächst in chemisch gebundene Positionen austauscht, aber durch ein nachträglich gegebenes Überangebot von D_2O zum Teil wieder in die physikalisch adsorbierte Phase zurückkehrt.

4. Schlußfolgerungen

Es wurde gezeigt, daß Austauschprozesse zwischen chemisch gebundenem Wasser bzw. OH-Gruppen und freiem Wasser sofort mit der Kontaktmöglichkeit beider Phasen beginnen und das mit so großer Geschwindigkeit, daß für die Erfassung dieser Anfangsphase eine Veränderung der Meßanordnung nötig wäre, die es gestattet, diesen ersten Kontakt im Spektrometer zu realisieren. Andererseits wurde gezeigt, daß es Austauschprozesse gibt, die eine so große Zeitkonstante besitzen, daß sie eine Berücksichtigung der noch stattfindenden Hydratationsprozesse erfordern.

Tab. 2. Einige Ergebnisse aus dem Austauschexperiment D_2O-Zementstein und H_2O

Probe	Amplitude des trocknen Zementsteins rel. Einh.	H_2O-Zugabe M.-%	Amplitude nach H_2O-Zugabe rel. Einh.	erneute H_2O-Zugabe M.-%	Amplitude nach 1 h	300 h	1000 h
WZ 32	0	15	35		31	0	
WZ 32				15	150	100	50
WZ 33	0	11	0	11	60	12	5
PZ 36	0	10	3		2,7	0	
PZ 37	0	13	6		4	0	

Die in dieser Arbeit gewonnenen Erkenntnisse sollen eine Hilfe für die Planung und Auswertung von Tracerversuchen im Bauwesen sein. Ziel ist es, unter der Vielzahl von Einflußgrößen [1] die wichtigsten in sinnvollen Modellen zu erfassen. Gelingt es, die Ergebnisse der Austauschuntersuchungen mit experimentellen Werten der Wasserbeweglichkeit [8] zu korrelieren, so wäre ein weiterer Schritt in diese Richtung getan.

Herrn Prof. Dr. *Baumbach*, Technische Hochschule Leipzig, möchte ich für die Anregung zu dieser Arbeit danken. Bei Herrn Dr. *Kärger* und Herrn Dr. *Heink*, KMU Leipzig, Sektion Physik, bedanke ich mich herzlichst für die Bereitstellung des NMR-Spektrometers und die Abstimmung der Gerätetechnik auf das spezielle Probenmaterial. Herrn Prof. Dr. *Wetzel*, Zentralinstitut für Isotopen- und Strahlenforschung, danke ich für die kritische Durchsicht des Manuskriptes und für die anregende Diskussion.

Eingegangen am 18. 6. 1984

Literatur

[1] *H. Baumbach*, Isotopenpraxis 20 (1984) 24
[2] *A. Herrmann*, Jahresbericht 1983 THL STB 3.3., 14 – 03, G. 2.11 1830/8
[3] *F. Wittmann*, Deutscher Ausschuß für Stahlbeton 290 (1977)
[4] *L. O. Nilsson*, Report TVBM-1003; Coden-Lutvdg (1980) 1 – 162
[5] *G. Lahajnar, R. Blinc*, Cement a. Concrete Res. 7 (1977)
[6] *J. Kärger*, Dissertation, Leipzig 1970
[7] *W. Heink, J. Kärger, A. Walter*, Experimentelle Technik der Physik 26 (1978) 161
[8] *A. Herrmann*, Einfluß von Temperatur und Wassergehalt auf den Diffusionskoeffizienten von Wasser in Zementstein (in Vorbereitung)

Isotopenpraxis 21 (1985) 4, S. 130 bis 133

Determination of Radioiodine in Drinking Water and Milk Using Separation on the Static Polyurethane Foam Column*)

S. Palágyi

(Institute of Radioecology and Applied Nuclear Techniques, Kosice)[1])

A cylindrical packing of the flexible polyurethane foam impregnated with a tertiary alkylamine: iodine complex is placed into the column made of a conventional plastic syringe. By passing a 5-dm³ sample through the column in a single operation, the radioiodine is separated with 95% yield from water or higher than 80% yield from milk samples in less than 1 hr. The radioactivity of the compressed foam cylinder into 4 cm volume directly in the syringe can be measured in a well-type NaI(Tl) detector with about 45% counting efficiency. A lower limit of determination of about 0·04 Bq/dm³ is achieved for 100 min of counting. The method can be used for routine determinations also under field conditions.

Eine zylindrische Füllung des elastischen Polyurethanschaumes, der mit einem tertiären Alkylamin-Jod-Komplex getränkt ist, wird in die aus einer herkömmlichen Plastik-Injektionsspritze gefertigte Säule eingebracht. Beim Durchsatz einer Probe von 5 dm³ in einer einzigen Operation durch die Säule wird das Radiojod in weniger als einer Stunde zu 95% aus dem Wasser und zu mehr als 80% aus der Milch abgetrennt. Die Radioaktivität des komprimierten Schaumzylinders kann unmittelbar in der Injektionsspritze mit Hilfe eines Probenkanal-Na(Tl)-Detektors mit einer Zählausbeute von 45% gemessen werden. Eine niedrigere Nachweisgrenze von ca. 0,04 Bq/dm³ kann bei einer Meßzeit von 100 min erreicht werden. Das Verfahren kann auch für Routinebestimmungen unter Feldbedingungen eingesetzt werden.

Keywords

amines; drinking water; iodine 131; milk; polyurethanes; radioecological concentration

Introduction

Radioisotopes of iodine are mainly produced as fission products in fuel elements of nuclear reactors and may be released from these in low concentrations during normal reactor operations or in larger quantities in the event of an accident [1, 2]. Various separation and preconcentration methods are used in order to decrease the lower limit of the determination of radioiodine, e.g., with scintillation or semiconductor gamma-ray spectrometer. Liquid-liquid extraction, isotope exchange, adsorption, but most commonly precipitation or coprecipitation and ion exchange are used as separation as well as preconcentration techniques [1 – 4].

In a recent comparison of the anion-exchange procedure [5, 6] with a polyurethane foam column-filtration method proposed by us [7, 8] some disadvantages have been shown for the latter during radioiodine separations from milk and natural waters [9]. These mainly consist in the rather laborious column preparation using small polyurethane foam cubes and lower values of the separation efficiency, especially for milk samples of a larger volume than 1 dm³. In further developing of our technique we have found that polyurethane foams in a cylindrical form can be well used as pulsed as well as static column beds [10, 11]. The use of this form simplifies the packing of the column and with increased reagent content the separation efficiency can also be further increased. In accordance with [9] it was also found that pulsed columns cannot be used for milk samples as effectively as for water, since the polyurethane foam packing losses its flexibility due to its undesirable swelling.

In this paper an improved method for rapid separation and determination of radioiodine in samples of natural waters and milk is described using cylindrical shaped

*) A short abstract of this paper was presented at the 3rd Meeting on Nuclear Analytical Methods, Dresden, GDR, April 11 – 15, 1983

[1]) Address: 040 61 Košice, P. O. Box A-41, Czechoslovakia

packings of a polyurethane foam conveniently loaded with a high molecular amine: iodine complex and placed into the static column of a disposable medical syringe.

Experimental

The separation procedure is a modified version of that published earlier [7, 8, 10]. To the samples 1 cm³ of 0·1 M NaI carrier solution per dm³ of sample was added and each water sample was acidified with 12 M HCl to *p*H ca 1. To the milk samples 50 cm³ of about 37% formaldehyde per dm³ of sample were added. The samples were stirred thoroughly prior separation and transferred into the glass Mariotte bottle which served as a sample reservoir.

As a static column, conventional disposable 20 cm³ (20 mm i.d.) hardened polyethylene syringe was used without the plunger containing a foam cylinder of 18 mm × 100 mm size, cut from a polyurethane foam block (type Molitan, Gumotex Valašské Klobouky, Czechoslovakia) using a specially machined hollow drill. The foam cylinder was washed first with appropriate amount of 1 M HCl, then with acetone and dried. The foam cylinder of about 0·7 g of dry weight was loaded with 1·7 — 10·2 cm³ of a solution of 0·1 M I_2 in 10% (v/v) Alamine 336 in toluene equilibrated with freshly prepared 0·05 M $NaNO_2$ solution in 1 M HCl at a ratio of 1:10 (v/v) for 1 min. Before packing into the column, the foam cylinder was dried freely on the air until toluene evaporated. Finally, the foam plug was packed into the syringe, and after removing the air form it with distilled water using its plunger, compressed to a desired height with a rubber plug. The column was connected to the sample reservoir with a plastic tube (not absorbing iodine) through the rubber plug. Sufficiently large head of pressure was applied that ensured constant flow-rate of 100 cm³ per minute for both type of samples. After removing the air from the joint tube, the sample was left to pass through the column, regulating the flow-rate with the stopcock on the inlet tube. Completing the separation the column was washed with several tens of cm³ of distilled water. Then the foam cylinder was compressed into smallest possible volume using the plunger, fixed, and its radioactivity measured with a conventional 50 mm × 50 mm i.d. well type NaI(Tl) detector (with 25 mm i.d. well) coupled to a single chanel analyzer [11].

Results and Discussion

Besides the optimization of a static column separation using prefabricated polyurethane foam packing, this work aimed at the elaboration of a method fulfilling several important requirements. Among these are: applicability to both water and milk samples of relatively large volume, rapid and easy preparation of the radioactivity source for gamma counting with a single-channel analyzer, and appropriate degree of radioiodine preconcentration under a reasonable time in order to attain a limit of its determination as low as possible. In our previous paper we have indicated that there are, at least, two ways of increasing separation efficiency using polyurethane columns [10]: 1) by passing the sample through the column several times, and 2) by increasing the reagent content in the column packing. The first method is time consuming with moderate effect, the second method appears to be more effective. The results presented in Tab. 1 show that increasing the amount of amine:iodine complex in the foam cylinder the separation efficiency also increases, but not unambiguously. There is a maximum in the value of the separation efficiency at certain optimal ratio of the reagent volume to foam amount which is near the value of 7·3 cm³ of reagent per g of foam cylinder In this case, the decrease in separation efficiency with increasing volume of the sample is not so intensive as for less amount of the reagent. On the other hand, when too much reagents is used, exceeding the loading capacity of the foam, the separation efficiency is independent on the sample volume in the studied range, probably due to the equilibrium attained between the gain and the loss of the radioiodine owing to leaching the reagent from the foam cylinder.

Tab. 1. Effect of the amount of organic phase and the volume of distilled water sample on the separation efficiency at 8 cm constant height of the compressed foam packing

Sample volume dm³	Separation efficiency, %ᵃ) 0·1 mol/dm³ I_2 in 10% Alamine		
	1·7 cm³	5·1 cm³	10·2 cm³
1	86·4 ± 0·4	93·5 ± 0·5	89·0 ± 0·5
2	81·8 ± 0·6	91·3 ± 1·2	88·8 ± 0·9
3	74·6 ± 1·9	90·6 ± 2·1	89·4 ± 1·9
4	68·6 ± 3·5	89·0 ± 2·3	89·6 ± 2·0
5	64·7 ± 2·9	87·8 ± 2·9	89·0 ± 2·1

[a]) With the values of standard deviation

In further experiments the influence of the height of the polyurethane foam packing on the separation efficiency was investigated in the same range of volumes at constant reagent content. From Tab. 2 it is apparent that the increase of the foam density by compressing the foam cylinder has adverse effect on the separation efficiency. The decrease in the separation efficiency may be caused by the impairment in the hydrodynamic properties of the foam and reducing the time of the contact between the liquid and solid phases, but also by the distortion of a membrane-like structure of the foam which leads to the impairment in the mass-transfer on the liquid-solid contact. Nevertheless, the results obtained with a 4 cm high cylinder show that the separation is still effective and it can be supposed that putting an additional loaded foam cylinder would increase the separation efficiency even further.

Results obtained with model samples of water and milk when employing two 10 cm polyurethane foam cylinders compressed to a 8 cm total height are presented in Tab. 3. Each cylinder was loaded with 5 cm³ of amine:io-

Tab. 2. Effect of the height of compressed foam packing and the volume of distilled water sample on the separation efficiency at 5·1 cm³ amount of organic phase

Sample volume dm³	Separation efficiency, %ᵃ) Height of the compressed foam packing		
	2 cm	4 cm	8 cm
1	90·3	90·1	93·0
2	87·9	89·0	91·3
3	84·5	87·8	90·6
4	80·0	86·1	89·0
5	79·0	85·6	87·6

[a]) The average standard deviation is less than 1·5 %

Tab. 3. Efficiency of ^{131}I separation from water samples and milk of various volumes (average values of 3 determinations ± average standard deviations)

Sample volume dm³	Separation efficiency, %		
	Distilled water	Tap water[a])	Milk[b])
1	97·6 ± 0·4	96·7 ± 0·3	97·2 ± 0·6
2	96·9 ± 0·4	96·0 ± 0·5	93·6 ± 1·3
3	96·5 ± 0·4	95·6 ± 0·4	90·0 ± 2·9
4	96·2 ± 0·6	95·3 ± 0·5	85·9 ± 3·0
5	96·0 ± 0·5	95·1 ± 0·4	82·7 ± 3·7

[a]) Composition (mg/dm³): Cl^-(9·0), PO_4^{3-}(0), NO_3^-(19·2), NO_2^-(0), SO_4^{2-}(39·2), Fe(0), Mn(0), total hardness 10·1 German degrees, pH 7·8

[b]) Fat content 35 g/dm³

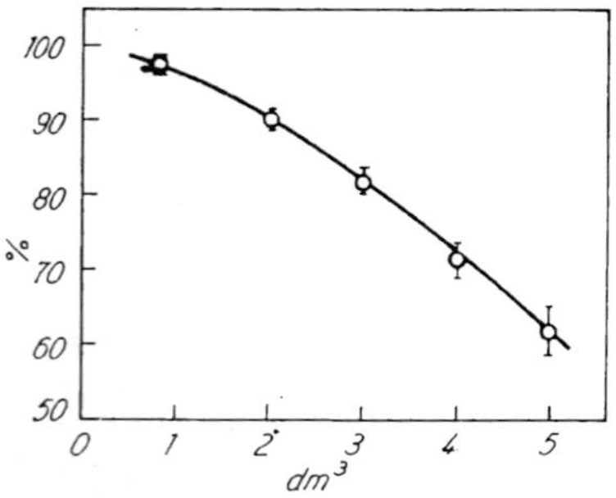

Fig. 1. Retention of ^{131}I on the column as a function of the number of 1-dm³ milk fractions

dine reagent. As can be seen the efficiency of radioiodine separation from distilled water and drinking water samples is excellent and is practically the same for equal sample volumes. Also satisfactory results were achieved for milk samples to volume of 3 dm³, but the decrease in separation efficiency with increasing size of samples is more apparent than for water samples. Fig. 1 shows the decrease of the separation efficiency as a function of number of 1-dm³ fractions. The decrease, which is almost linear, can be ascribed especially on the account of two factors, as follows:

1) the presence of fat in milk which forms an emulsion on the foam surface, worsening the mass-transfer into the foam, and

2) the dry matter content causing a coating on the surface of the foam membranes thus decreasing the rate of radioiodine retention. It seems that citrates and chlorides in milk, which seriously interfere in anion-exchange separation [12], have negligible effect on the radioiodine separation with this foam column filtration technique.

Completing the separation, the foam packing is ready for radioactivity measurement directly in the syringe with a considerably high counting efficiency, amounting to 45%, at about less than 60 cpm background [11]. In spite of the uneven radioactivity distribution along the column (Fig. 2), by compressing the foam cylinder, reproducibility of the counting is fairly satisfactory. As the separation is highly selective for iodine, the counted radioactivity belongs only to radioiodine [7, 8, 10]. For 100 min of counting lower limits of determination [4] 35 mBq/dm³ for 5 dm³ water and 41 mBq/dm³ for 5 dm³ milk samples were achieved. Two weeks observation confirmed that the storage of formaldehyde preserved milk has no effect on the separation efficiency [8]. The age of the amine:iodine

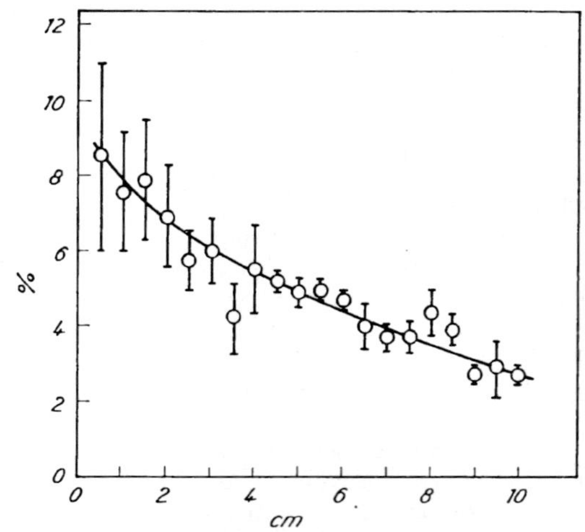

Fig. 2. Distribution of ^{131}I along the column after its separation from 5 dm³ of milk

complex treated foam cylinders does not influence the separation efficiency, therefore they can be prepared in advance and stored at least 10 days [8, 10]. It seems that protein bound radioiodine (PBI) is also retained on the polyurethane foam [8]. But in the case of any doubt a correction factor of 1·05 can be applied to account for the estimated 0—10% PBI content in real milk samples [12].

The proposed method has some advantages over the well-established anion-exchange separation methods [5, 6, 9, 13, 14]. These are, e.g., the use of cheap and a considerably less column packing material and reagent loading, more convenient geometrical form of the final radioactivity source resulting in a higher counting efficiency as well as in a lower limit of determination; no additional measuring vessels and source preparations are required because the counting is performed in the same syringe, where the separation takes place in 3-times shorter working operation, as in most of the anion-exchange separation procedures. By our method fresh and formaldehyde preserved milk can be analyzed. Formaldehyde is not a suitable preservative in anion-exchange procedure since it may destroy the retention of iodine by the resin [13]. The regeneration of the anion-exchanger does not seem feasible to reuse because of the possible contamination from previous use [9, 13]. The same may be valid for the polyurethane cylinder, although it can easily be regenerated

A certain disadvantage of this method (as an extraction chromatographic technique), in comparison with anion-exchange procedure, is the necessity of the foam pretreatment with extracting agent before use. However, the pretreated foam cylinders can be prepared in advance and stored, as, e.g., anion exchange cartridges [5, 6, 13]. A little more serious disadvantage could arise from the lower than 95% yield and the greater standard deviation than 0·5% for milk samples which makes necessary to establish the separation efficiency for separate samples if a high precision of the determination is required. A certain compensation for the lower retention of iodine from milk is the excellent counting efficiency by which a 4 cm³ compressed volume of the foam cylinder (higher than 10^3-fold preconcentration for a 5 dm³ sample) is measured. The simple column filtration method is also applicable as a rapid and routine field collecting method for radioiodine.

Received February 29, 1984

Mitteilungen / Information

IAEA: BEITRITT MAROKKOS ZUR WIENER KONVENTION UEBER DIE ZIVILRECHTLICHE HAFTUNG BEI ATOMSCHAEDEN

Wien, 30. November 1984. - Herr Abderrahmane Baddou, Botschafter Marokkos vor der oesterreichischen Regierung und oertlicher Vertreter bei der IAEA unterzeichnete im Namen der Regierung des Koenigreiches Marokko im Amtssitz der IAEA die Wiener Konvention ueber zivilrechtliche Haftung bei Atomschäden. Die Konvention wurde am 21. Mai 1963 von einer internationalen Konferenz, die durch die IAEA einberufen wurde, angenommen und trat am 12.11.1977 in Kraft. Die Generalkonferenz der IAEA hat anlaesslich ihrer 28. ordentlichen Sitzung am 28. September 1984 eine Resolution angenommen; dabei drueckte sie unteranderem die Hoffnung aus, mehr Mitgliedstaaten sollten den Beitritt zu der Wiener Konvention in Betracht ziehen. (IAEA-Pressekommunique (1984) 22)

IAEA: FORSCHUNGSZIELE ZUR VERBESSERUNG DER REISERNTEN

Wissenschaftler aus 16 verschiedenen Laendern trafen sich im Dezember 1984 in Wien, um Plaene fuer ein koordiniertes Forschungsprogramm ueber ein "biologisches" Verfahren auszuarbeiten, um die Abhaengigkeit des Reisanbaues von den zunehmend teurer werdenden Stickstoffduengemitteln zu verringern. Innerhalb des Forschungsprogramms, das von der Gemeinsamen Abteilung der IAEA und der FAO geleitet wird, soll die Stickstoffixierung und die Umwaelzung durch blau-gruene Algen und eines kleinen Wasserfarns, Azolla, studiert werden. Das Programm soll voraussichtlich drei bis fuenf Jahre dauern. Reis ist das Hauptnahrungsmittel von fast zwei Drittel der Weltbevoelkerung. Jahrtausendelang wurde Reis angepflanzt, wobei man sich auf die natuerliche Fruchtbarkeit des Bodens verliess. Aber seit Erscheinen neuer, hochertraeglicher Sorten, wurden zunehmend chemisch fixierte Stickstoffduengemittel angewendet. Preissteigerungen dieser Duengemittel und die Besorgnis um deren Auswirkung auf die Umwelt, haben erneutes Interesse an biologischer Stickstofffixierung als Alternative hervorgerufen. Blaugruene Algen (Zyanobakterien) sind niedrige photosynthetisierende Mikroorganismen, die die ungewoehnliche Faehigkeit besitzen, mittels Sonnenenergie Stickstoff aus der Atmosphaere zu fixieren. Obwohl es sich als schwierig erwiesen hat, Techniken zu entwickeln, umd die Stickstoffproduktion dieser in Reisfeldern freilebenden blau-gruenen Algen zu erhoehen, wurde doch ein gewisser Erfolg verzeichnet. In einigen Gebieten des Indischen Subkontinentes und in China z.B., wurden Reisfelder mit Algen okuliert, was zu einer Ernteerhoehung bis zu 14% fuehrte. Die Teilnehmer des neuen FAO/IAEA Programmes werden die tatsaechliche Stickstoffproduktion messen und landwirtschaftliche Bewirtschaftungspraktiken entwickeln, die die Wirksamkeit eines Transfers fixierten Stickstoffes erhöhen und mutationsfaehige Anlagen der Azolla entwickeln und die auswaehlen, die am anpassungsfaehigsten sind. (IAEA-Pressekommunique (1984) 23)

Kurznachrichten / Newlets

Nuklearmedizin:

KONTRASTMITTEL FUER DIE KERNSPIN-TOMOGRAPHIE

Mit der begonnenen klinischen Anwendung der Kernspin-Tomographie zur Darstellung krankhafter Veraenderungen im Koerper wurde erkannt, dass eine Differenzierung von Gewebe mit gleicher oder nur wenig unterschiedlicher Signalintensitaet durch Variation der Aufnahmeparameter allein nicht befriedigt. Da die gewebetypischen Relaxationszeiten der Wasserstoffkerne die Grauabstufung der Aufnahme beeinflussen, wurde nach Substanzen gesucht, durch die diese Relaxationszeiten veraendert werden. Als aussichtsreiche Substanzgruppe werden Stoffe mit paramagnetischen Eigenschaften angesehen, die mit Wasserstoffkernen der Nachbarschaft in Wechselwirkung treten. Erprobt wurde ein Gadolinium-DTPA-Komplex, der bei der Niere und im Urin die Kontraste veraendert. An Patienten mit Hirntumoren wurde eine auf den Tumor beschraenkte Signalverstaerkung bewirkt, wodurch eine bessere Abgrenzung gegenueber Nachbarstrukturen moeglich wurde. Bei intakter Blut-Hirn-Schranke liess sich eine Signalbeeinflussung durch das Gadolinium-DTPA nicht beobachten. (W. Semmler, Spektrum der Wissenschaft (1984) 8, S. 15; W. Schoerner et al., Fortschr. Roentgenstr. 140 (1984) 5, S. 493)

Tracer techniques:

FLUID FLOW MEASURED BY TRACERS

Radioactive tracer techniques are being used increasingly to measure fluid flow in oil reservoirs. The most common method is to label the injection water and then determine arrival times and concentration profiles at neighbouring production wells by sampling and analysis. Because of high sensitivity detection and counting techniques, only small volumes of tracer are required. Suitable tracer isotopes include tritium, C-14, Co-60, Zn-65 and Cs-137. The most obvious is T in the form of tritiated water. This behaves in an identical fashion to the water in the reservoir, with no problems due to preferential absorption or decomposition. T is a very weak β emitter with no corresponding γ ray, but scintillation counting techniques are available to cope with this.
The calculation of tracer quantities is normally done on the basis of a simple diffusion model: it is assumed that the tracer when injected will diffuse into a volume determined by the presence of natural boundaries in the reservoir (obtained from geological data), and the distance from the injection point to the completion in the production well of interest. An important point to be taken into account is the background radiation in the reservoir water - K, Th and U are common naturally-occurring emitters of nuclear radiation and are present in significant quanties in some reservoir rocks. A convenient water sample volume for analysis is approximately 1 litre so that, from a consideration of the detection limits of the counting equipment, one can easily calculate the activity required in the injection sample. For wellspacings of 1 km, with reservoir rocks of 30 per cent porosity, this leads to values of around 100 curies for T, and 100 millicuries for C-14. Such quantities are commercially available, in specified chemical forms, and present no operational problems. (Atom (1984) 337, pp.19)

Strahlenbiologie:

WIRKUNG "KLEINER" STRAHLENDOSEN

Auf der 18. Tagung der European Society for Radiation Biology in Zuerich vom 9.-13.9.1984 wurde unter anderem das Problem der biologischen Wirkung kleiner Strahlendosen behandelt. Man kann von drei Seiten her zu Schlussfolgerungen ueber die somatische, insbes. karzinogene, und ueber die genetische Wirkung kleiner Strahlendosen kommen. Einmal aus der Erstellung von experimentellen Dosiseffektkurven fuer die verschiedenen Strahlenschaeden am Tier oder in der Zellkultur, zweitens aus theoretischen Ueberlegungen und Untersuchungen ueber den Mechanismus der Strahlenwirkung und schliesslich aus epidemiologischen Studien an strahlenbelasteten Personengruppen. Alle drei Wege liefern - bzw. sollen es - Dosiswirkungskurven fuer die einzelnen Strahleneffekte, welche im Bereich von einigen Gy bzw. Sv meist sichere Aussagen liefern, aber hin zu kleinen Dosen von wenigen rem naturgemaess immer weniger genau werden. Der Strahlenbiologe ist gehalten zu beantworten, ob eine bestimmte Dosiswirkungs-

kurve linear mit der Dosis verlaeuft, linear-quadratisch oder ob eine Schwellendosis besteht, unter der keine Wirkung mehr besteht. Eine lineare Dosiseffektkurve bis zu kleinen Dosen wuerde bedeuten, dass jedes einzelne Absorptionsereignis von Strahlenenergie in einer Zelle unabhaengig und zufallsmaessig (stochastisch) zum beobachteten Effekt fuehrt. Eine quadratische bedeutet, dass zwei Ereignisse (oder auch Treffer) dazu benoetigt werden und der Effekt durch Wechselwirkung zwischen ihnen zustande kommt. Im letzteren Fall wuerde dann bei kleinen Dosen nur ein minimaler Effekt eintreten, der experimentell von den Kontrollwerten nicht zu unterscheiden waere. Schliesslich ist ein echter Schwellenwert dann denkbar, wenn der Strahleneffekt erst durch Wechselwirkung von vielen Ereignissen etwa in mehreren Zellen eines Gewebes zustande kommt. Fuer alle drei Moeglichkeiten gibt es fundierte experimentelle Beweise in Uebereinstimmung mit theoretischen Ueberlegungen. So zeigen eine Reihe von Strahlenspaetschaeden am Tier (chronisches Ulcus mit Ileus am Dickdarm, Demyelinisierung des Rueckenmarks) ausgepraegte Schwellendosen von einigen Gy. Tierversuche und auch sorgfaeltige Beobachtungen am Menschen haben auch fuer die strahlenbedingte Teratogenese eine solche Schwellendosis praktisch aufgezeigt, die etwa zwischen 10 und 20 rem liegt. Das bedeutet, dass unter dieser Dosis ein Strahleneffekt zum einen wenig wahrscheinlich, zum anderen auch nicht beobachtet werden konnte. Fuer die hier am meisten interessierenden Strahleneffekte, die Mutation der Erbanlagen und die Karzinogenese, gibt es experimentelle und theoretische Hinweise fuer lineare sowie fuer quadratische Anteile der Dosiseffektkurve. Eine linear-quadratische Kurve mit einer Wechselwirkung mehrerer Ereignisse erscheint moeglich bei der Karzinogenese, wo nach der stochastisch eintretenden Transformation einer Zelle ja noch Promotion und die Ausbildung eines klinisch manifesten Tumors nach langer Latenzzeit kommen muss. Die Mechanismen dieser Schritte sind jedoch noch voellig unbekannt. Auch fuer die strahlenbedingte Mutation hat sich in juengster Zeit gezeigt, dass eine quadratische Komponente in der Dosiseffektkurve existiert, entsprechend der Faehigkeit der Zelle, ueber eine fehlerhafte Reparatur die Mutation zu induzieren. Es bedarf weiterer sorgfaeltiger Arbeit der Grundlagenforschung, um die initiale Form der Dosiseffektkurve fuer Mutation und Karzinogenese richtig beschreiben zu koennen. Aus diesen strahlenbiologischen Ueberlegungen ergibt sich, d. kein Anlass besteht, auf notwendige diagnostische Strahlenanwendungen zu verzichten, wenn sie regelrecht angewendet werden. Ihr Nutzen ist sicher weitaus hoeher als moeglich, z.T. prinzipiell nicht beweisbare oder erkennbare Schaeden. Auf der anderen Seite berechtigen sie nicht zur Sorglosigkeit; Dosisreduktion bei gleicher Bildqualitaet und sorgfaeltige Indikation bei der Strahlenanwendung sollten weiter angestrebt werden.
(Z. Hagen, Deutsche Roentgenges. Information (1984)4)

Radiooekologie:
UEBER RADON IN WOHNHAEUSERN
Eine kuerzlich abgeschlossene umfassende Untersuchung der Rn-Konzentration in rund 6000 Wohnhaeusern hat bestaetigt, dass die natuerliche Strahlendosis wesentlich hoeher ist als frueher angenommen und durch mangelnde Lueftung in Wohnraeumen erheblich verstaerkt werden kann. Die vom Kernforschungszentrum Karlsruhe (KfK) zusammen mit dem Bundesgesundheitsamt durchgefuehrte Messkampagne hat ergeben, dass die Strahlendosis der Bewohner allein durch das aus natuerlichen Quellen stammende Edelgas Rn im Mittel jaehrlich eine effektive Aequivalentdosis von rund 120 mrem bewirkt, also etwa gleich gross ist wie die natuerliche Strahlendosis aus allen anderen Quellen. Im Extremfall wurden in den untersuchten Wohnungen radonbedingte Strahlendosen bis zu 3600 mrem jaehrlich gemessen. In den untersuchten und ueber die BRD repraesentativ verteilten Wohnungen betraegt der Mittelwert der Rn-Konzentration etwa 11×10^{-10} $Ci.m^{-3}$. Dieser Mittelwert ist nur geringfuegigen regionalen Schwankungen unterworfen. Auch ist der Einfluss der Baumaterialien von geringerer Bedeutung als die Bauweise der Haeuser. Unguenstiger sind beispielsweise aeltere Haeuser in Fachwerkbauweise mit Naturstein- und Naturbodenkeller, die eine groessere Anreicherung des Rn's im Haus als bei moderner Bauweise mit Bodenplatte und Feuchtigkeitssperre ermoeglichen. Unterschiedlich dichte Fensterkonstruktionen ergeben keine statistisch signifikanten Unterschiede. Von besonderer Bedeutung sind jedoch offenbar die Lueftungsgewohnheiten der Bewohner, auf die die festgestellten erheblichen Unterschiede der gemessenen Rn-Konzentrationen zurueckzufuehren sind.
(SVA-Bulletin (1984) 20, S. 15)

Spurenanalytik:
LASER ORTET U-SPUREN
Auf Vorschlag von Bruce A. Bushaw (Battelle Memorial Institute, Richland, Wash.) koennen geringste U-Mengen nicht nur schneller und billiger, sondern auch bedeutend empfindlicher ermittelt werden. Ein transportables Geraet arbeitet auf der Grundlage der sog. kinetischen Phosphometrie. Danach wird die Probe mit einem leistungsstarken Laser gepulst bestrahlt und etwa vorhandene U-Atome absorbieren das Licht und emittieren ein Licht anderer Wellenlaenge. Diese Spektrallinie und die zeitliche Verzoegerung zwischen Absorption und Reemission ist fuer U kennzeichnend und wird gemessen. Elektronische Multikanal-Abtaster registrieren die Photonen und ein Mikrocomputer ermittelt die U-Konzentration. Nachweisbar danach sind 0,01 µgU in 1 l Probesubstanz, eine Empfindlichkeitssteigerung um den Faktor 10 der bisherigen Methoden. Es soll vor allem fuer die in der Uranindustrie Beschaeftigten dienen (Bio-Test; Blut, Gewebeproben u.a.)
(Bild der Wiss. 21 (1984) 11, S. 21/30)

Veröffentlichungen / Publications

WISSENSCHAFTLICHE BERICHTE DES ZENTRALINSTITUTS FUER FESTKOERPERPHYSIK UND WERKSTOFFORSCHUNG (ZfW) DER ADW DER DDR
Lasertechnologie - Heft 26 (1984)

Wechselwirkungsprozesse zwischen fester Phase und Gasphase (III. Arbeitstagung der AG Festkoerperchemie der Chem. Ges. der DDR, 9.-12.12. 1984, Bad Schandau) - Heft 28 (1984)

Niederdimensionale leitfaehige Systeme (3. Tagung des Fachverbandes Festkoerperphysik der Physik. Ges. der DDR, 3.-6.12.1984, Dresden) - Heft 29 (1984)

UNITED KINGDOM ATOMIC ENERGY AUTHORITY
NRPB-R164
The development and operation of a method for the remote determination of X-ray beam parameters used in dental radiography - July, 1984, 17 pp. J.M. Hewitt

NRPB-R 165
Quality assurance tests of the NRPB dental monitoring cassette - July, 1984, 25 pp. W.J. Iles et al.

AEEW-R 1715
Comparison on measured neutron reaction rates in fast reactor steels with calculated values using FD5 data - June, 1984, 50 pp. M.F. Murphy

AERE-R 11210
The Livermore phantom as a calibration standard in the assessment of plutonium in lungs - June, 1984, 55 pp. D. Newton

AERE-R 11235
A microprocessor based safety system - July, 1984, 23 pp. C.J. Kenward

AERE-R 11432
The use of advanced large computers in Europe - August, 1984, 166 pp. I.S. Duff

LEIPZIGER KOMMISSIONS- UND GROSSBUCHHANDEL
Literaturkatalog Mathematik/Physik - 1984, 143 S.

ROYAL INSTITUTE OF TECHNOLOGY - STOCKHOLM SW.
TRITA-EPP-84-11
Short-pulse acceleration in a racetrack microtron - November, 1984, 8 pp. S. Rosander

CENTRAL INSTITUTE OF PHYSICS BUCHAREST/ROMANIA
NP-32-1984
Approximate wave functions, penetration factor and reduced width for the Woods-Saxon well plus the Coulomb barrier potential - June, 1984, 21 pp. C. Grama et al.

NP-34-1984

High spin states investigation in some neutrono-deficient nuclei from A=80 mass region - June, 1984, 20 pp. D. Bucurescu et al.

EP-28-1984
Determination of local magnitude M_L for Romanian normal earthquakes - June, 1984, 17 pp. C.Radu

NP-35-1984
FORTAN Programs to process data from nuclear reaction with heavy ions - July, 1984, 7 pp. A. Buta et al.

Ausgewählte Beiträge / Recently published papers

ANGEW. CHEM. 96(1984)12
Dendralene - eine vernachlaessigte Gruppe kochungesaettigter Kohlenwasserstoffe - H.Hopf

Einfaches Modell fuer radikalische Additionen - U. Hoeweler u.a.

Tetralithiomethan CLi_4 - A. Maercker u.a.

Kronenetherkomplexe von Sulfoniumsalzen - Roentgenstrukturanalysen - B.L. Allwood u.a.

Haem-Biosynthese aus L-Glutaminsaeure (unter Verwendung von [1-C-14] L-Glutaminsaeure) - B. Franck u.a.

ATOMNAJA ENERGIJA 57(1984)6 (all in Russian)
The Protection from Corrosion of Perlite Steels Under Stationary and Transient Conditions of Atomic Facility Operation - V.V. Prozorov

On an Implicit Method of Solving Mass-Transfer Equations in Velocity-Vorticity Variables - M.P. Leonchuk et al.

Global Distribution Regularities of I-129 and Forecasting Its Accumulation from Nuclear Fuel Cycle Facilities - B.I. Styro et al.

Background Limitations in X-Ray Fluorescence Analysis - V.V. Berdikov et al.

Gamma-Cascade Experimental Studies by Means of Multiplicity Spectra and Low-Energy Gamme-Transitions - B.V. Danilin et al.

Cross-Section of Fast-Neutron Radiation Capture by Au-197, U-236, Np-237 Nuclei - A.N. Davletshin et al.

A Mathematical Model for Describing Stress in Micro Fuel-Elements - V.S. Eremeyev et al.

Determination of Parameters of the Multiple Muon Catalysis Process - V.G. Zinov et al.

Use of a Weighted Linear Regression Model for the Identification of Total Absorption Peaks in Processing Complex Gamma-Spectra - V.M. Badulin et al.

CENTRE FOR PHOTONUCLEAR EXPERIMENTS DATA MOSCOW. INF. BULL. (1983)7
Photonuclear Data - 1983 - V.V. Varlamov et al.

BIOLOGIČESKIE NAUKI (1984)10
Aktivierung der Wachstumsprozesse durch Cadmium in verschiedenen Pflanzengeweben (unter Verwendung von [H-3] Uridin, [H-3] Thymidin und [H-3] Lencin (Russ.) - Yu.P. Melnichuk

BIOLOGIČESKIE NAUKI (1984)9
Die Rolle der Ca^{2+}-Ionen bei der synaptischen Transmission (unter Verwendung von Ca-45) (Russ.) - A.A. Selischeva et al.

J. LAB. CLIN. MED. 103(1984)5
Characterization of a specific anti-human urokinase antibody: Development of a sensitive competition radioimmunoassay for urokinase antigen (I-125) - K. Huber et al.

J. LAB. CLIN. MED. 103(1984)6
Asprin and folate binding: In vivo and in vitro studies of serum binding and urinary excretion of endogenous folate (using [H-3] pteroy glutamic acid) - U.A. Lawrence et al.

Measurement of cyanocobalamin in serum by a specific radioimmunoassay (using [Co-57] cyanocobalamin) - S.P. Rothenberg et al.

J. LAB. CLIN. MED. 104(1984)5
Highly sensitive microassay for aldosterone in unextracted plasma: Comparison with two other methods (using I-125-aldosterone and [H-3] aldosterone) - I. Nussberger et al.

Is there a "gold standard" for human serum vitamin B_{12} assay? (using varions radioimmunoassays and microbiologic assays) - V. Herbert et al.

J. LAB. CLIN. MED. 104(1984)4
Effect of cholestasis on hepatic transport of Tc-99m-technetium p-isopropyl-iminodiacetic acid - R.G. Knodell et al.

WISSENSCHAFT U. FORTSCHRITT 34(1984)12
50 Jahre kuenstliche Radioaktivitaet - W. Stolz L. Herforth

A.L. Lavoisier - eine grosse widerspruechliche Persoenlichkeit - D. Linke

ANN. NEUROL. 15(1984)April (Suppl.).
Cyclotrons, radionuclides, precursors and demands for routine versus research compounds - A.P. Wolf

ANGEW. CHEMIE 96(1984)11
Isocyanid-Einschiebung in eine Urankohlenstoff-Doppelbindung (die Bildung eines Azauranacyclopropens aus einem Carbenuran-Komplex und Cyclohexylisocyanid)-R.E. Cramer et al.

Thermospray-Massenspektrometrie zur Untersuchung diquartaerer Ammoniumsalze - G. Schmelzeisen-Redeker et al.

ATOM (1984)336
Fast reactor work progresses well

Diagnosis of and response to abnormal occurrences

Hot laboratories

ATOM (1984)337

A perspective on nuclear power in the USA - C. Walske

The uranium market and back end options

The role of Central Technical Services - A.A. Farmer

J. RADIOANALYT. NUCL. CHEM.-ART. 84(1984)1
In memoriam Professor Barun Chandra Haldar - R.A. Nadkarni

The accumulation of radium, barium and lead in algae - J. Stary et al.

Fallout of uranium isotopes from the 1980 eruption of Mount St. Helens - P.K. Kuroda et al.

Reversed phase extraction chromatographic separation of thorium with Amberlite LA-1 from malonate solutions - P. Narayanan et al.

Gamma radiolysis of solutions of carbon tetrachloride in secondary alcohols - G. Radhakrishna et al.

Radium balance studies at the Beaverlodge Mill - V.I. Lakshmanan et al.

Nuclear activation methods for the characterization of fossil fuels - R.A. Nadkarni

Observations relative to epithermal and fast neutrons in INAA - Wei-Zhi Tian et al.

The effect of other activities on INAA limits of detection - V.P. Guinn et al.

Radiochemical thermal neutron activation analysis of fish solubles - Z.R. Turel et al.

Loss of elements in the oxygen flask decomposition of biological materials: A study by NAA - H.B. Desai et al.

Studies on the chemistry of technetium-99m radiopharmaceuticals - D.V.S. Narasimhan et al.

Gravimetric determination and radiochemical separation of palladium (II) with ethyl- -isonitrosoacetoacetate - S.J. Manwati et al.

Determination of rare earth elements in international geochemical reference materials - E. Cortes

Ion exchange based on complexation using a chelating agent-loaded resin and its application to preconcentration and radioactivation analysis of trace chalcophile elements - H. Akaiwa

Daily requirements of Fe, Co and Se during infancy - H.S. Dang et al.

Chemical consequences of Cl-35(n,p)S-35 transformation in alkali chloride matrix - N.R. Das et al.

Loss of sample weight during long time reactor irradiation of biological materials - G.V. Iyengar

J. RADIOANALYT. NUCL. CHEM. LETT. 87(1984)1
Automated production of carbon-11 labelled acetate to allow detection of transient myocardial ischemia in man, using positron emmission tomography - G. Del et al.

Correlation between the double-double effect and the contribution from covalency to bonding - S. Siekierski

Radiometric titration of diethanolamine with $^{65}ZnSO_4$ and determination of mono and diethanolamines in a mixture by a radiometric method - R. Varadan et al.

Determination of the dissociation energy of the C-At bond in substituted astatobenzenes - L. Vasaros et al.

Rapid determination of selenium in various marine species by INAA - S. Landsberger et al.

ATOMWIRTSCHAFT/ATOMTECHNIK 29(1984)8/9
Der Kernbrennstoffkreislauf ist formiert - G. Hildebrand

Wirtschaftlichkeitsfragen des Kernbrennstoffkreislaufs - K.P. Messer

Die Versorgung mit Natururan - K.-E. Kegel

Versorgung mit Anreicherungsleistung - H. Mohrhauer

Konzept und Stand der Wiederaufarbeitungsanlage WA-350 - J. Mischke

Betriebserfahrungen mit der Wiederaufarbeitungsanlage Karlsruhe - W. Schueller

Verbrennung von Ionenaustauscherharzen - M. Arnold et al.

Zur Wiederaufbereitung von kurzgekuehltem Brennstoff mit niedrigem Abbrand und von LWR-Brennstoff - G. Baumgaertel

Einsatz von Plutonium in LWR und SBR - A. Brandstetter et al.

Technik der Direkten Endlagerung abgebrannter Brennelemente - K.D. Closs et al.

Risiko/Nutzen-Vergleiche sind noch zu unscharf (Bericht ueber das Internationale Symposium in Juelich)

ATOMWIRTSCHAFT/ATOMTECHNIK 29(1984)10
Kerntechnikauswirkungen auf die langfristige Versorgung - K. Knizia

Leichtwasserreaktoren: Erfahrungen und Einsatz - K. Staebler

KWW: Schadlose Verwertung von 900 t radioaktiver Komponenten - K. Ramcke etaal.

Betriebserfahrungen mit Schnellen Reaktoren - H. Mausbeck et al.

Der Hochtemperaturreaktor - eine Zwischenbilanz - W. Mattick

ATOMWIRTSCHAFT/ATOMTECHNIK 29(1984)11
Public Inquiries fuer Kernkraftwerke in Grossbritannien - K. Clement

Arbeitsausnutzung der Kernkraftwerke der Welt im 1. Halbjahr 1984 - A. Szeless et al.

Zur Abschaetzung der thermomechanischen Auswirkungen von hochradioaktiven Abfaellen - G. Albers et al.

Experimente zur Xenon-Abtrennung durch Ausfrieren aus dem WA-Abgas - G. Assmann et al.

Erfahrungen bei Betriebsunterbrechungen von Kernkraftwerken (Bericht ueber das IAEA-Symposium in Karlsruhe)

Stillegung und Beseitigung von Kernkraftwerken (Bericht ueber die KEG-Konferenz in Luxemburg)

Neuere Erkenntnisse zu Strahlenrisiken und beim Strahlenschutz (Bericht ueber den 6. IRPA-Kongress in Berlin-West)

Ein- und Ausfuhr der BRD an Kernbrennstoffen 1983

Verwendung radioaktiver Stoffe in der BRD 1983

References

[1] Environmental Radiation Measurements, NCRP Report No. 50, Washington, D.C., 1976

[2] A Handbook of Radioactivity Measurements Procedures, NCRP Report No. 58, Washington, D.C., 1978

[3] *D. G. Chapman*, Ed., Assessing the Impact of Nuclear Power Plants on the Environment, Report U.S. NUREG/CR-0552, Seattle, Wash., 1979

[4] *H. L. Volchok, G. de Planque*, Eds., EML Procedures Manual, 25th Edition, U.S. DOE, New York, N.Y., 1982

[5] *A. L. Boni*, Analyst **88** (1963) 64

[6] *K. Bender, H. Schüttelkopf*, ASS-Bericht, Nr. 122, KFZ, Karlsruhe, FRG, 1972

[7] *Š. Palágyi, E. Bilá*, Radiochem. Radioanal. Lett. **32** (1978) 87

[8] *Š. Palágyi, R. Markusová*, Radiochem. Radioanal. Lett., **32** (1978) 103

[9] *G. Lancsarics*, KFKI Health Physics Department Internal Report, Budapest, Hungary, 1980

[10] *Š. Palágyi, T. Braun*, Analyst **106** (1981) 1326

[11] *Š. Palágyi*, Int. J. App. Radiat. Isotop. **34** (1983) 755

[12] *J. C. Golden, E. S. Chandrasekaran, B. Kahn*, Health Phys. **42** (1982) 777

[13] *C. R. Porter, M. W. Carter*, Public Health Reports **80** (1965) 453

[14] *V. Jansta*, Abstracts of papers of the 3rd Meeting on Nuclear Analytical Methods, Dresden, GDR, 11–15 April, 1983, p. 111

Isotopenpraxis **21** (1985) 4, S. 133 bis 135

Neutron Dosimetry Using SSNTD: Comparative Evaluations

A. M. Sayed[1]), *N. A. Al-Liabi*

(Physics Department, College of Science, Basrah, IRAQ)

The neutron sensitivity as well as minimum and maximum detectable doses for various types of fission fragment track detectors and recoil track detectors has been compared. The calculated sensitivity for each category was compared with the measured one. The sensitivities for recoil track detectors was found to be higher than that for fission fragment track detectors. The parameters affecting the registration efficiency has been discussed.

Verglichen wurden die Neutronenempfindlichkeit sowie die nachweisbaren minimalen und maximalen Dosen hinsichtlich verschiedener Typen von Spurdetektoren für Spaltbruchstücke und für Rückstoßteilchen. Die errechnete Empfindlichkeit wurde für jede Kategorie mit der gemessenen verglichen. Es wurde festgestellt, daß die Empfindlichkeit bei Rückstoßteilchen-Spurdetektoren größer war als bei Spaltbruchstück-Spurdetektoren. Die Parameter, die die Aufzeichnungsgenauigkeit beeinflussen, werden diskutiert.

Keywords

cellulose esters; dielectric track detectors; fissile materials; neutron dosimetry; recoils

1. Introduction

Solid State Nuclear Track Detectors (SSNTD's) have been increasingly used in neutron dosimetry. Combinations of a fissile material and a detector or the direct interaction of neutrons with the plastic detectors have been proposed as an alternative method to replace the conventional methods, such as nuclear track emulsions, for neutron monitoring in routine as well as accidental doses [1, 2]. Fast neutron fluence measurements with different types of SSNTD's have been performed [3–5]. SSNTD's have been used for nuclear reactor neutron flux measurements [6, 7].

The detection efficiencies of SSNTD's for fission fragments have been calibrated with the aid of Au–Si surface barrier detector and fission chamber [8]. The results of this calibration more or less coinside with those obtained by *Khan* and *Durrani* [9]. The detection efficiency has been calculated theoretically by various authors [10–12].

The present paper compare the neutron response of various types of SSNTD's; both fission and recoil track detectors. Moreover, the calculated response has been compared with the measured one for the SSNTD's investigated.

[1]) On Leave From Radiation Protection Department, Atomic Energy Establishment, Cairo, Egypt

[2]) Obtained from Leybold-Heraeus GMBH & Co. KG. Köln, W. Germany

[3]) Manufactured by Bayer AG, W. Germany

[4]) Manufactured by Kodak Pathe', France

2. Experimental

The detectors used were Silicate glass (1·2 mm), Mica[2]) (0·07 mm), Makrofol-E[3]) (MKE) (0·3 mm) and Cellulose nitrate LR115[4]) (8 μm). The fissile material used was natural uranium (0·18 mm). The irradiation were performed using a Pu–Be neutron source with emission rate of $1{\cdot}92 \times 10^6\ ns^{-1}$. Another irradiation facility used in this study is known as Basrah University Visiflux (BUV) and it was described before [13]. It consists of a 1 Ci Pu–Be neutron source placed at the centre of a water tank 60 cm dia. × 70 cm height. It is provided with two horizontal channels which enables the samples to to irradiated at various distances from the source centre. At 2·3 cm from the source centre, the thermal neutron flux and the neutron flux per unit lethargy was measured using the Au activation technique [14].

The tracks have been counted using Carl Zeiss, Jena, microscope.

After irradiation, the detectors are etched as follows (see Table p. 134):

3. Results and discussion

3.1. *Fission fragment track detectors (FFTD)*

The fast neutron sensitivity, which is the track density corresponding to unit neutron fluence, the track density

detector type	etchant type, concentration and temperature	etching time
Fission fragments in Makrofol-E	30% NaOH, 60 °C	60 min
Fission fragments in silicate glass	24% HF, 23 °C	35 s
Fission fragments in Mica	40% HF, 60 °C	20 min
Recoils in Makrofol-E	30% NaOH, 60 °C	210 min
Recoils in LR-115	10% NaOH, 60 °C	70 min

per rd and the track density per rem are shown in Tab. 1 for various FFTD studied.

Tab. 1. Fast neutron sensitivity, track density per rd and track density per rem for Mica, MKE and glass

detector	sensitivity, T/n	tracks, $cm^2 \cdot rd$	tracks, $cm^2 \cdot rem$
Mica	$3{\cdot}9 \times 10^{-6}$	745	96
MKE	$3{\cdot}7 \times 10^{-6}$	707	91
glass	$2{\cdot}08 \times 10^{-6}$	397	51

The neutron fluence-dose conversion factors as well as quality factor has been taken from ICRP [15] which is $2{\cdot}45 \times 10^7\ n\ cm^{-2}$ per rem and $1{\cdot}91 \times 10^8\ n\ cm^{-2}$ per rd with a quality factor of 7·8.

From Tab. 1 it is clear that the sensitivity of glass is lower (~53–56%) compared to that for mica and MKE which is in agreement with previous results [16]. This may be due to the fact that since fission fragments possess a range of masses and energies, it is possible that not all the fragments entering the glass will produce etchable tracks. Another important factor that controlls the sensitivity is the critical angle (θ_c). Below which the tracks fail to register. The smaller θ_c, the greater the efficiency of registration. θ_c has been given by *Khan* and *Durrani* [9] which is 4° 30′, 3° 00′ and 35° 30′ for Mica, MKE and glass respectively. This, again, explains the lower sensitivity for glass detector.

To determine the thermal and intermediate neutron sensitivities, bare and 0·4 mm Cd — covered Mica plus natural uranium has been used. The irradiation was performed inside the BUV at 2·3 cm; at which the thermal and intermediate (0·5 eV – 0·5 MeV) fluxes have been previously determined [14].

The thermal and intermediate neutron sensitivities were found to be: $3{\cdot}2 \times 10^{-5}$ T/n and $2{\cdot}2 \times 10^{-6}$ T/n respectively.

The thermal neutron sensitivity was found to be in good agreement with the calculated one using the equation:

$$\frac{S_{th}}{S_f} = \frac{\sigma_{th}}{\sigma_f} \tag{1}$$

where S refers to sensitivity and σ refers to fission cross section, σ_{th} in natural uranium is 4 barns while σ_f is 0·5 b [16].

The sensitivity has been calculated from the equation:

$$\text{Sensitivity (T/n)} = N\sigma d = \sigma \frac{N_A}{M} \varrho d \tag{2}$$

where

N = number of nuclei per cm^3
σ = fission cross section
d = thickness of fissile material
ϱ = density of fissile material
N_A = *Avogadro*'s number

and was found to be $1{\cdot}265 \times 10^{-5}$ T/n. The difference between the calculated and measured sensitivities is attributed to the self shielding factors G_1 for neutrons and G_2 for fission fragments as given by:

$$\text{sensitivity} = N\sigma d G_1 G_2 \tag{3}$$

However G_1 was taken to be one; while G_2 was calculated and its value is shown in Tab. 2.

Tab. 2. Self shielding factor for fission for various detectors

detector type	detector thickness mm	G_2
Mica	0·07	0·308
Makrofol-E	0·30	0·292
Glass	1·20	0·164

It is clear from Tab. 2 that G_2, i.e. the self shielding factor for fission, is more effective in the case of glass compared with Mica and MKE. This, again, explains the lower sensitivity for glass.

3.2. *Recoil track detectors (RTD)*

The fast neutron sensitivities for MKE and LR-115 as RTD are shown in Tab. 3 together with the track densities per rad and per rem.

Tab. 3. Fast neutron sensitivity of RTD

detector	sensitivity T/n	track $cm^2 \cdot rd$	track $cm^2 \cdot rem$
MKE	$1{\cdot}42 \times 10^{-5}$	2713	348
LR-115	$6{\cdot}7 \times 10^{-6}$	1280	164

The sensitivity (S) was also calculated from the equation:

$$S = \sum_i N_i \sigma_i R_i \tag{4}$$

where

N_i = the number of atoms of the ith element per cm^3
σ_i = scaitering cross section of the ih element
R_i = range of the individual nuclei in the detector

The range-energy relation of the individual nuclei can be written in the form [17]:

$$R_i\,[\text{mg/cm}^2] = P \cdot (E_i\,[\text{MeV}])^q \tag{5}$$

where E_i, the energy of the recoils, is given by [17]:

$$E_i = 4E_n \cos^2 \theta \cdot M_i(1 + M_i)^{-2} \tag{6}$$

Where θ is the angle of scattering and was taken to be 45° [17].

and E_n = neutron energy (~5 MeV)
M_i = the atomic weight of the ith element. Using the data for the range obtained by the computer code of *Henke* and *Benton* [18] the values of p and q were:

$p(^{12}C) = 0{\cdot}218$; $p(^{14}N) = 0{\cdot}20$;
$p(^{16}O) = 0{\cdot}19$; $q(^{12}C) = 0{\cdot}712$;
$q(^{14}N) = 0{\cdot}687$; $q(^{16}O) = 0{\cdot}681$

Tab. 4. Calculated and measured fast neutron sensitivities for RTD

detector	S_C, T/n	S_O, T/n	S_N, T/n	S_{Total}, T/n	$S_{experimental}$, T/n
MKE	1.66×10^{-5}	2.9×10^{-6}		1.95×10^{-5}	1.42×10^{-5}
LR-115	3.73×10^{-6}	6.4×10^{-6}	1.12×10^{-6}	1.125×10^{-5}	6.7×10^{-6}

Tab. 5. Intercomparison between various detectors (FFTD and RTD)

detector	sensitivity T/n	fluence ncm^{-2}		absorbed dose rd		dose equivalent rem	
		min.	max.	min.	max.	min.	max.
FFTD							
1. Mica	3.9×10^{-6}	1.12×10^{8}	1.86×10^{11}	0.59	9.7×10^{2}	4.59	7.6×10^{3}
2. MKE	3.7×10^{-6}	1.20×10^{8}	1.96×10^{11}	0.63	1.02×10^{3}	4.99	8.0×10^{3}
3. Glass	2.08×10^{-6}	2.11×10^{8}	3.48×10^{11}	1.10	1.82×10^{3}	8.61	1.42×10^{4}
RTD							
1. MKE	1.42×10^{-5}	3.09×10^{7}	5.1×10^{10}	0.16	2.67×10^{2}	1.26	2.08×10^{3}
2. LR-115	6.70×10^{-6}	6.58×10^{7}	1.08×10^{11}	0.34	5.65×10^{2}	2.69	4.41×10^{3}

By using the values of σ_i [19], and the percentage of C, O and N [20], and equations (4), (5) and (6) the sensitivities have been calculated which are shown in Tab. 4.

It is clear from Tab. 4 that the sensitivity depends on carbon percentage; being higher for higher carbon content. The sensitivity of MKE, with 75.6% carbon content, is higher than LR-115, with 24.2% carbon content. This confirms the idea that the predominent is the carbon recoils. Also in LR-115 we are counting the number of "holes" i.e. we define certain "volume" of tracks to be counted which is another factor to explain the reduced sensitivity of LR-115.

Tab. 5. Summerizes the intercomparison between the various detectors investigated. The sensitivities, lower and upper neutron fluence, minimum and maximum doses are illustrated in this table.

4. Conclusion

The fast neutron sensitivity, in general, is higher for RTD than FFTD. The registration efficiency for FFTD depends, mainly on the self shielding factor for fission and on the type and thickness of the detector. Sensitivity of glass is about 50% of that for Mica and MKE.

The sensitivity for RTD depends, among several factors, on the carbon content; being higher for higher carbon content.

Acknowledgement

The authors wish to express their thanks to Dr. *A. J. Saleh*, Head of Physics Department, College of Science, Basrah University for his discussions and comments.

Received February 22, 1984

References

[1] *S. Prêtre*, Rad. Effects **5**, (1970) 103

[2] *R. V. Griffith, D. E. Hankins, R. B. Gammage, L. Tommasino*, Health Phys. **36** (1979) 235

[3] *L. Medveczky*, Proc. 10th Int. Conf. on SSNTD, Lyon, Pergamon Press (1980) 581

[4] *A. M. Sayed, M. A. Gomaa*, Atomkernenergie **34** (1979) 294

[5] *A. M. Sayed, M. A. Kenawy*, Atomkernenergie **39** (1981) 27

[6] *A. U. Haque, C. B. Besant, B. W. Hooton*, Proc. 10th Int. Conf. On SSNTD, Lyon, Pergamon Press (1980) 549

[7] *Shi-Lun Guo* et al., Proc. 11th Int. Conf. on SSNTD, Bristol, Pergamon Press (1982) 421

[8] *Shi-Lun Guo* et al., Nucl. Tracks Methods Instrum. and Appl. **5** (1981) 358

[9] *H. A. Khan, S. A. Durrani*, Nucl. Instrum. Meth. **98** (1972) 229

[10] *B. W. Hooton, A. U. Haque, C. B. Besant*, Nucl. Instrum. Meth. **197** (1982) 443

[11] *E. Dietz, G. Rassl*, Proc. 11th Int. Conf. on SSNTD, Bristol, Pergamon Press (1982) 271

[12] *G. Pretzsch*, Nucl. Instrum. Meth. **195** (1982) 543

[13] *M. A. Gomaa*, Radiat Phys. Chem. **13** (1979) 187

[14] *M. A. Gomaa, E. J. Mohamed*, Atomkernenergie **31** (1978) 189

[15] ICRP. Report 21, The International Comission on Radiological Protection 1971

[16] *K. Becker*, Solid State Dosimetry, CRC Press 1973

[17] *G. Somogyi*, Nuclear Track Detection **1** (1977) 3

[18] *R. P. Henke, E. V. Benton*, US Naval Rad. Defence Lab. Report TR-67-122 (1967)

[19] *H. Cember*, Introduction to Health Physics Pergamon Press 1978

[20] *G. M. Hassib*, Nucl. Instrum. Meth. **131** (1975) 125

Isotopenpraxis 21 (1985) 4, S. 136 bis 140

Bestimmung des relativen Wirkungsgrades eines Ge(Li)-Detektors durch Messung einer standardisierten ^{166m}Ho-Lösung

W. Heinig, M. Rösseler

(Zentralinstitut für Isotopen- und Strahlenforschung der AdW der DDR)[1])

Der relative Wirkungsgrad eines Ge(Li)-Detektors wurde durch Messung einer ^{166m}Ho Lösung im Energiebereich von 80—1000 keV bestimmt. Die Aktivitätskonzentration der ^{166m}Ho Lösung ergab sich aus Vergleichsmessungen mit einer ^{133}Ba Standardlösung. Der Einfluß der experimentellen Bedingungen, wie Probenherstellung, Eigenabsorption der Probengefäße, Meßgeometrie und Totzeit auf die Genauigkeit der Messung wurde abgeschätzt. Die Peakauswertung erfolgte mit einem einfachen Rechenprogramm. Die Vorteile des Multi-Gammastrahlers ^{166m}Ho liegen im Vergleich zu anderen Kalibriernukliden in seiner einfachen Herstellung, seiner großen Halbwertszeit und der Vielzahl homogen verteilter γ-Übergänge mit absoluten Intensitäten > 5%.

In order to determine the relative efficiency of a Ge(Li) detector in the region of 80—1000 keV, measurements of a standardized ^{166m}Ho solution were performed. The radioactivity concentration of the ^{166m}Ho solution was determined by measurements of a ^{133}Ba reference standard. The total number of calibration measurements was 120. The influence of experimental conditions such as sample manufacture, absorption of the vessels, source positions and dead time, on the accuracy of the measurements, was considered. The observed spectra were analyzed by a simple programme. In comparison with other calibration nuclides, the advantages of the multigamma-ray nuclide ^{166m}Ho are simple manufacture, large half-life and homogeneous distribution of gamma-rays with absolute intensities greater than 5% in the region of 80—1000 keV.

Keywords

barium 133; calibration; efficiency; gamma detection; gamma spectroscopy; holmium 166

1. Einleitung

Bei Untersuchungen zur Abtrennung von Spaltprodukten aus Modell- und Kernbrennstofflösungen fallen vorwiegend Proben in flüssiger Form an, in denen die Aktivitäts- bzw. Massenverteilung einzelner Elemente zu bestimmen ist.

Um aus den mit einem γ-Spektrometer gemessenen Impulsraten eines Radionuklids dessen Masse zu ermitteln, ist es notwendig, das Meßergebnis mit dem einer Meßprobe bekannter spezifischer Aktivität zu vergleichen oder die Messung mit einem geeichten Detektor und unter reproduzierbarer Meßgeometrie durchzuführen.

Ziel der vorliegenden Arbeit ist es, den relativen Wirkungsgrad, eines für die Messungen flüssiger Proben benutzten Ge(Li)-Detektors, für eine definierte, reproduzierbare Meßgeometrie zu bestimmen. Da das zu den Messungen verwendete Nuklid ^{166m}Ho im interessierenden Energiebereich von 80—1000 keV mehrere intensive und gleichmäßig verteilte γ-Übergänge hat, kann die Energieeichung mit diesem Nuklid erfolgen und auf die übliche Eichung mit mehreren Standardquellen verzichtet werden. Die zur Berechnung des Wirkungsgrades benötigten absoluten Intensitäten der einzelnen γ-Übergänge wurden der Literatur entnommen.

2. Eichquellen

2.1. *Herstellung der ^{166m}Ho-Lösung*

Holmium gehört zur Gruppe der Seltenen Erden und hat nur ein stabiles Nuklid, ^{165}Ho. Durch (n, γ)-Reaktion entstehen bei der Bestrahlung mit thermischen Neutronen die Nuklide ^{166}Ho und ^{166m}Ho, aus denen durch β^--Zerfall stabiles ^{166}Er gebildet wird (Abb. 1) [1].

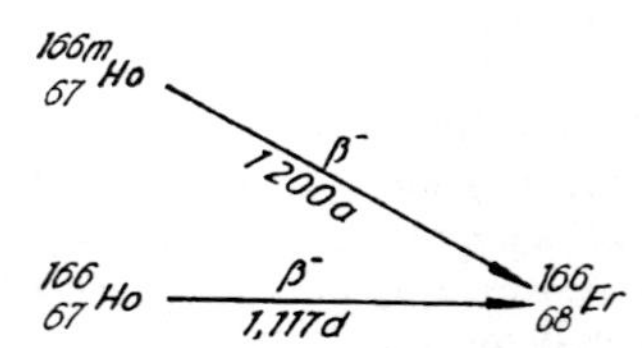

Abb. 1. Zerfallsschemen von ^{166}Ho und ^{166m}Ho

Zur Herstellung der Meßlösung wurden 100 mg Holmiumoxid (Fluka AG, Buchs SG; Reinheit: 99,9% Ho_2O_3 + max. 0,1% Er_2O_3 + Dy_2O_3 und Spuren) in Quarzampullen eingeschmolzen und 10 h im Rossendorfer Reaktor (B-Kanal) bei einem thermischen Neutronenfluß von ca. 10^{13} ncm^{-2} s^{-1} bestrahlt. Unter diesen experimentellen Bedingungen entstehen etwa 2,2 · 10^4 Bq ^{166m}Ho und 1,4 · 10^{11} Bq ^{166}Ho. Nach 37 Tagen, das entspricht 33 Halbwertszeiten von ^{166}Ho, ist dessen Anteil an der Gesamtaktivität kleiner 0,1%. Das bestrahlte Holmiumoxid wurde in 7 N Salpetersäure gelöst.

2.2. *^{133}Ba-Standardlösung*

Die Bestimmung der radioaktiven Konzentration der ^{166m}Ho Lösung erfolgte durch Vergleichsmessungen mit ^{133}Ba Standardlösung. Zur Verfügung stand eine vom AMSW standardisierte ^{133}Ba Lösung in 0,1 N HCl. Der Wert der Aktivitätskonzentration dieser Lösung, bezogen auf den Meßzeitpunkt, betrug 0,0890 $MBqg^{-1}$. Die Meß-

[1]) Anschrift: 7050 Leipzig, Permoserstr. 15

unsicherheit bei der Bestimmung dieses Wertes betrug ± 1% für eine statistische Sicherheit von 95%.

3. Experimentelles

3.1. *Detektor und Gerätesystem*

Die Messung der γ-Strahlung erfolgte mit einem koaxialen Ge(Li)-Detektor (Tab. 1) vom Institut für Kernforschung Řež, verbunden mit einem Vielkanalanalysator NTA-1024, Typ 31024 vom Werk für Elektronische Meßgeräte, Budapest. Zur Peakauswertung wurden ein programmierbarer Tischrechner EMG-71666, ein Drucker EMG-14893, ein X-Y-Recorder EMG-79811 und ein Interface EMG-32666 eingesetzt.

Tab. 1. Eigenschaften des Ge(Li)-Detektors

Typ	koaxial
Durchmesser	32 mm
Länge	43 mm
Aktivvolumen	30 cm³
Drifttiefe	11 mm
Kapazität	38 pF
Max. Spannung	1500 V
Detektorauflösung für ^{60}Co (1332 keV)	2,7 keV
Wirkungsgrad verglichen mit 76 mm ∅ · 76 mm NaJ-Detektor für 1332 keV	2,6%

3.2. *Messungen*

3.2.1. Herstellung der Meßproben. Als Probengefäße wurden zylindrische, dünnwandige Reagenzgläser mit flachem Boden verwendet. Aliquote der entsprechenden Lösungen (^{133}Ba bzw. ^{166m}Ho) wurden in die Probengefäße einpipettiert und ausgewogen. Anschließend wurde jede Probe mit destilliertem Wasser auf ein Volumen von 2 ml aufgefüllt und die Probengefäße abgeschmolzen. Die Einwaagen sind aus Tab. 2 ersichtlich.

Tab. 2. Einwaagen der Meßproben

Nr.	Nuklid	Einwaage, mg
1	^{133}Ba	103,95
2	^{133}Ba	100,50
3	^{133}Ba	102,15
4	^{133}Ba	49,85
5	^{166m}Ho	961,30
6	^{166m}Ho	974,90
7	^{166m}Ho	970,85
8	^{133}Ba + ^{166m}Ho	50,85 + 668,60

3.2.2. Meßgeometrie und Meßzeiten. Abb. 2 zeigt die Meßgeometrie im Schnitt. Der skizzierte Aufbau auf dem Detektor gestattete es, jede Probe in gleicher Position zum Detektor zu messen. Der Abstand Probe(Reagenzglasboden) – Detektor betrug 2,5 cm. Jede der 8 Proben wurde fünfzehnmal 5000 s gemessen. Da die Totzeit bei allen Messungen unter 0,5% lag, genügte eine automatische Totzeitkorrektur.

3.2.3. Zur Eigenabsorption der verwendeten Probengefäße. Die Abschätzung der Eigenabsorption der Probengefäße wurde über Massenabsorptionskoeffizienten vorgenommen. Die Berechnung erfolgte nach:

$$I = I_0 \cdot e(\mu d \varrho)$$

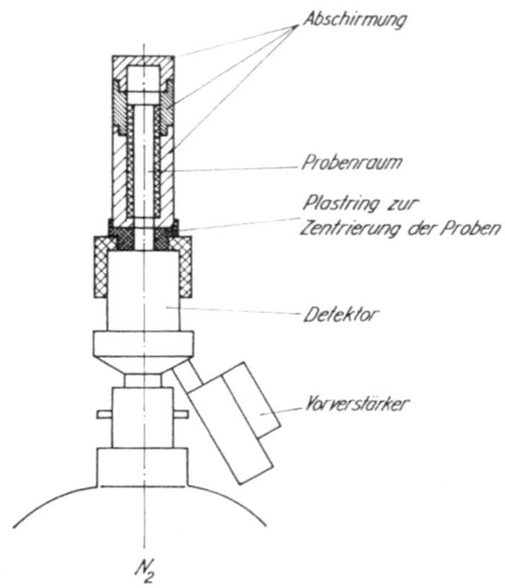

Abb. 2. Meßanordnung

I – Intensität der Strahlung nach Durchgang durch Absorber
I_0 – Ausgangsintensität der Strahlung
μ – Massenabsorptionskoeffizienten, cm²/g
d – Schichtdicke, cm
ϱ – Dichte des Materials, g/cm³

Für Normalglas ($Na_2O \cdot CaO \cdot 6\,SiO_2$) wurden die Massenabsorptionskoeffizienten zu $\mu_{100 keV} = 0{,}1675$ und $\mu_{1000 keV} = 0{,}0634$ ermittelt. Die mittlere Abweichung der Dicke

Tab. 3. Absolute Intensitäten der γ-Übergänge von ^{166m}Ho und ^{133}Ba

Nuklid	Energie,	absolute Intensitäten		
	keV	[3]	[4, 5]	[6]
^{166m}Ho	80,57²)	12,44	12,60	12,50
	184,41	73,90	73,90	73,90
	215,88	2,93	2,63	2,80
	259,72	1,12	1,11	1,11
	280,46²)	29,29	30,10	29,70
	300,74²)	3,63	3,79	3,70
	365,74	2,40	2,55	2,47
	410,94	10,92	11,70	11,30
	451,52	2,83	3,09	3,00
	464,83	1,11	1,24	1,15
	529,81	9,13	10,30	9,80
	571,00	5,20	5,81	5,81
	611,52	1,23	1,40	1,30
	670,52	5,16	5,83	5,50
	691,21	1,18	1,55	1,35
	711,69	52,54	59,30	55,90
	752,27	11,81	13,20	12,50
	778,82	3,07	3,33	3,20
	810,31	55,55	63,30	59,70
	830,56	9,48	10,70	10,00
	950,94	2,76	3,07	2,90
^{133}Ba	81,01²)		32,80	32,75
	160,62		0,72	0,72
	223,20		0,47	0,47
	276,29²)		7,29	7,30
	302,71²)		18,60	18,62
	355,86		62,30	62,27
	383,70		8,84	8,84

²) Energien der zur Bestimmung der Aktivitätskonzentration der ^{166m}Ho-Lösung ausgewerteten Peaks

des Bodens der Reagenzgläser betrug ± 0,1 mm. Bei einer Dichte von 2,4 g/cm³ ergaben sich maximale Absorptionsdifferenzen von 0,4—0,2%.

3.3. *Peakauswertung*

Die Peakauswertung erfolgte mit einem einfachen Rechenprogramm [2]. Innerhalb festzusetzender Grenzen wurde der Peakflächeninhalt durch Integration bestimmt und der Untergrund subtrahiert.

Die Berechnung erfolgte nach:

$$N = \sum_{i=x_1}^{x_n} y_i - \frac{n}{10}\left[\sum_{i=x_1}^{x5} y_i + \sum_{i=x_n-4}^{x_n} y_i\right]; n > 15$$

N — Peakflächeninhalt
y_i — Inhalt des i-ten Kanals
x_1 — linke Kanalgrenze
x_n — rechte Kanalgrenze

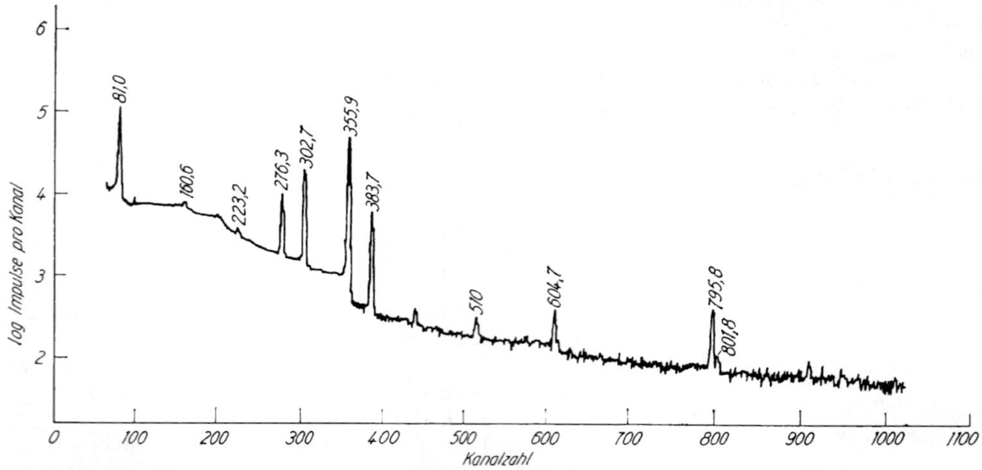

Abb. 3. γ-Spektrum von ^{133}Ba (Probe 2) — Verunreinigung: 0,04 % ^{134}Cs

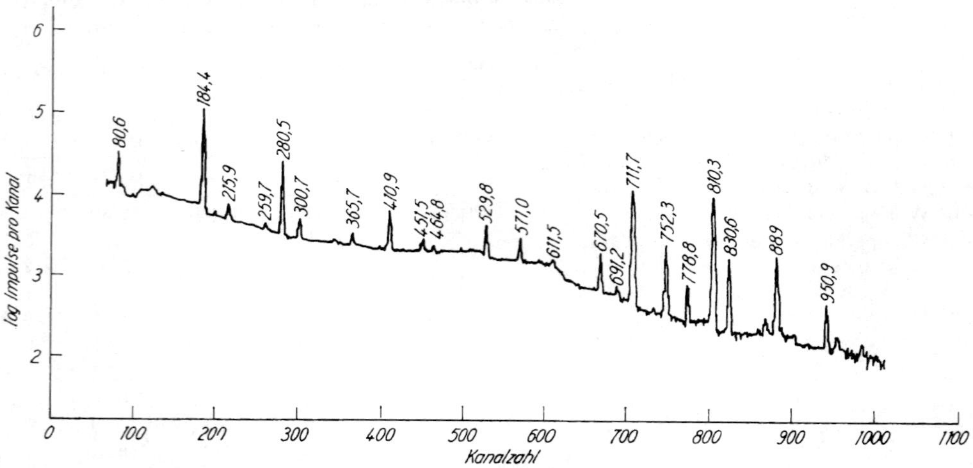

Abb. 4. γ-Spektrum von ^{166m}Ho (Probe 6)

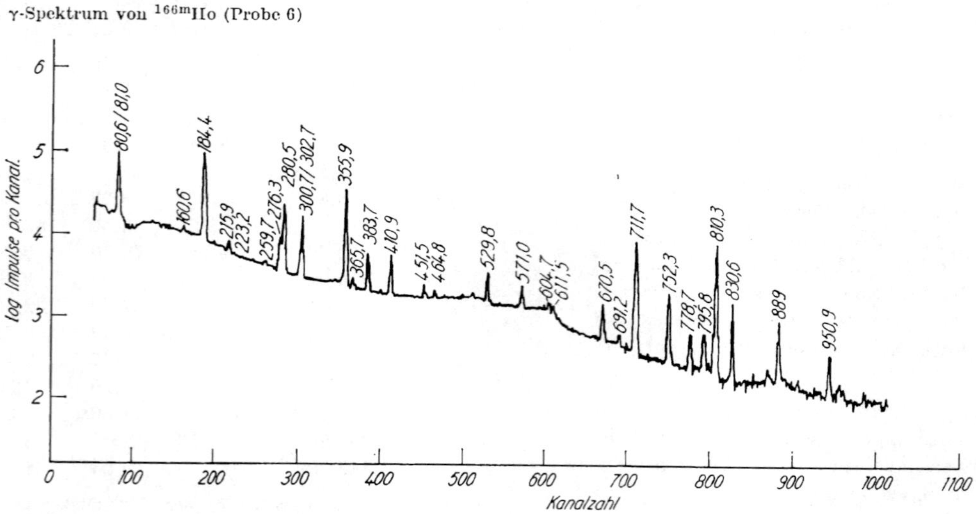

Abb. 5. γ-Spektrum von ^{133}Ba + ^{166m}Ho (Probe 8)

Tab. 4. Ermittlung der Aktivitätskonzentration der ^{166m}Ho Lösung

	Nuklid	Energie keV	Imp./s.g. 100% abs. Int.	Aktivitätsverhältnis ^{133}Ba:^{166m}Ho	Aktivität der ^{166m}Ho Lösung kBq/g
Peak 1	^{133}Ba	81,01	937,1 ± 3,0	15,56	5,72
	^{166m}Ho	80,57	60,24 ± 0,71		
Peak 2	^{133}Ba	276,29	360,4 ± 3,4	15,74	5,66
	^{166m}Ho	280,46	22,89 ± 0,19		
Peak 3	^{133}Ba	302,71	317,5 ± 1,9	15,47	5,76
	^{166m}Ho	300,74	20,53 ± 0,41		
					∅ = 5,71 kBq/g

Zur Berechnung der Aktivitätskonzentration der ^{166m}Ho Lösung und des Wirkungsgrades des Detektors wurden die absoluten Intensitäten (Photonen je 100 Zerfälle) der einzelnen γ-Übergänge der Nuklide ^{166m}Ho und ^{133}Ba berücksichtigt. Tab. 3 zeigt eine Zusammenstellung von Werten aus der Literatur. Für die Berechnungen wurden die Werte von *Erdtmann* u. a. [6] verwendet, da die 1983 erschienenen Werte von *Reus* u. a. [5] exakt den Werten von *Reus* u. a. [4] aus dem Jahre 1979 entsprechen und folglich nicht aktualisiert wurden.

4. Ergebnisse und Diskussion

4.1. *Spektren*

Die γ-Spektren der Proben ^{133}Ba, ^{166m}Ho und ^{133}Ba + ^{166m}Ho, im Energiebereich von 60–1000 keV sind in den Abb. 3–5 dargestellt. Aus dem Vergleich der Abb. 3 + 4 wird ersichtlich, daß ^{133}Ba und ^{166m}Ho drei γ-Linien bei annähernd gleichen Energien haben. Die Änderung des Wirkungsgrades des Ge(Li)-Detektors wurde bei den geringen Energiedifferenzen der ausgewerteten Peaks zunächst vernachlässigt. Abb. 5 zeigt das summarische Spektrum von ^{133}Ba und ^{166m}Ho. Eine Auftrennung der Nuklide ^{133}Ba/^{166m}Ho ist nur bei der Energie 276,29/280,46 keV erkennbar.

4.2. *Bestimmung der Aktivitätskonzentration der ^{166m}Ho-Lösung durch Vergleichsmessungen mit einer ^{133}Ba-Standardlösung*

Die Impulsraten der Proben ^{133}Ba, ^{166m}Ho und ^{133}Ba + ^{166m}Ho wurden auf gleichen Meßzeitpunkt, gleiche Meßzeit gleiche Einwaagen und 100% absolute Intensität normiert. Aus dem Verhältnis der normierten Impulsraten wurden das Aktivitätsverhältnis ^{133}Ba zu ^{166m}Ho und die Aktivitätskonzentration der ^{166m}Ho Lösung errechnet (Tab. 4). Die Aktivitätskonzentration der ^{133}Ba-Lösung betrug zum Meßzeitpunkt 89,032 kBq/g. Die Aktivitätskonzentration der ^{166m}Ho Lösung wurde zu 5,71 ± 0,13 kBq/g bestimmt. Der relative Fehler der Bestimmung für eine statistische Sicherheit von 95% betrug 2,3%. Die Berücksichtigung der Energiedifferenzen der ausgewerteten Peaks anhand der Abhängigkeit des Wirkungsgrades des Ge(Li)-Detektors von der Energie (Pkt. 4.4.) führt zu einer Erhöhung des Ergebnisses um 0,35%.

4.3. *Meßergebnisse*

Tab. 5 enthält die auf den gleichen Meßzeitpunkt, gleiche Meßzeiten und gleiche Einwaagen normierten mittleren Impulsraten aller ausgewerteten Peaks. Die relativen Fehler (Tab. 5) wurden für eine statistische Sicherheit von 95% berechnet. Der relative Fehler setzt sich additiv aus den experimentellen Einflüssen auf die Messungen und der Statistik des Zerfallsprozesses zusammen. Die experimentellen Einflüsse können z. T. abgeschätzt werden:

- Pipettier- bzw. Wägefehler bei der Probenherstellung 0,5 bzw. 0,4%
- unterschiedliche Eigenabsorption der Probengefäße (Pkt. 3.2.3.) 0,2–0,4%
- Meßgeometrie (Abb. 1) < 0,1%
- automatische Totzeitkorrektur des Vielkanalanalysators < 0,1%
- Peakauswertung

Tab. 5. Normierte Impulsraten der ausgewerteten Peaks

Energie keV	Impulse/s · g Lösung	
	^{133}Ba (Proben 1–4)	^{133}Ba + ^{166m}Ho (Probe 8)
81,01	329,7 ± 1,0	siehe Tab. 4
160,62	4,96 ± 0,35	5,39 ± 0,53
223,20	2,24 ± 0,18	
276,29	26,31 ± 0,25	siehe Tab. 4
302,71	59,12 ± 0,36	siehe Tab. 4
355,86	158,9 ± 0,6	154,0 ± 0,6
383,70	20,67 ± 0,26	20,0 ± 0,36
	^{166m}Ho (Proben 5–7)	
80,57	6,85 ± 0,08	siehe Tab. 4
184,41	30,17 ± 0,24	30,31 ± 0,07
215,88	1,01 ± 0,03	
259,72	0,224 ± 0,032	
280,46	6,81 ± 0,06	siehe Tab. 4
300,74	0,779 ± 0,001	siehe Tab. 4
365,74	0,391 ± 0,022	
410,94	1,51 ± 0,02	1,50 ± 0,04
451,52	0,322 ± 0,024	0,343 ± 0,034
464,83	0,163 ± 0,012	
529,81	0,812 ± 0,016	0,817 ± 0,027
571,00	0,455 ± 0,019	0,454 ± 0,021
611,52	0,201 ± 0,014	
670,52	0,374 ± 0,011	0,362 ± 0,015
691,21	0,088 ± 0,011	
711,69	3,50 ± 0,03	3,55 ± 0,02
752,27	0,726 ± 0,011	0,743 ± 0,010
778,82	0,186 ± 0,006	0,190 ± 0,009
810,31	3,14 ± 0,02	3,17 ± 0,024
830,56	0,516 ± 0,010	0,519 ± 0,008
950,94	0,125 ± 0,005	0,125 ± 0,008

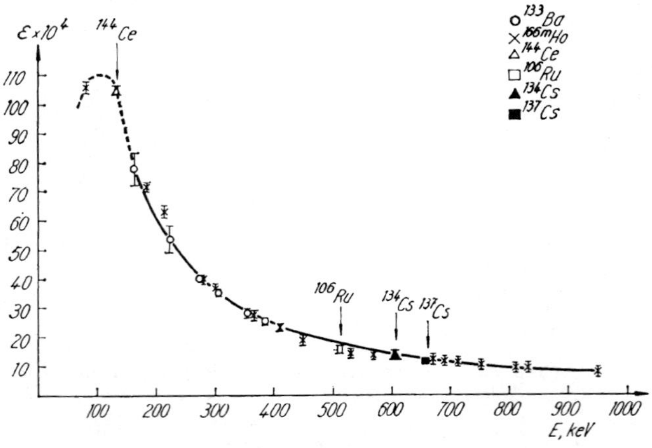

Abb. 6. Relativer Wirkungsgrad des Ge(Li)-Detektors als Funktion der Energie

Der Anteil der Statistik des Zerfallsprozesses am relativen Fehler ist von den gemessenen Impulsraten der einzelnen Peaks abhängig. Bei Peaks mit Impulsraten >1 Impuls/s × g Lösung ist der statistische Fehler des Zerfallsprozesses $\leq$ 1,5%.

4.4. *Relativer Wirkungsgrad des Ge(Li)-Detektors*

Unter Berücksichtigung der absoluten Intensitäten (Tab. 3) der einzelnen γ-Linien, ergibt sich der relative Wirkungsgrad des Ge(Li)-Detektors aus dem Verhältnis der normierten Impulsraten (Tab. 5) und den entsprechenden Aktivitätskonzentrationen der Lösungen ^{166m}Ho und ^{133}Ba (Abb. 6). Abb. 6 enthält außerdem noch einige Werte für γ-Linien der Nuklide ^{144}Ce, ^{106}Ru, ^{134}Cs und ^{137}Cs, die unter gleichen experimentellen Bedingungen bestimmt wurden. Die doppelt logarithmische Darstellung der Abhängigkeit des Wirkungsgrades von der Energie führt im Energiebereich von 200–1000 keV, in Übereinstimmung mit der Literatur [7], zu einem annähernd linearen Funktionsverlauf (Abb. 7).

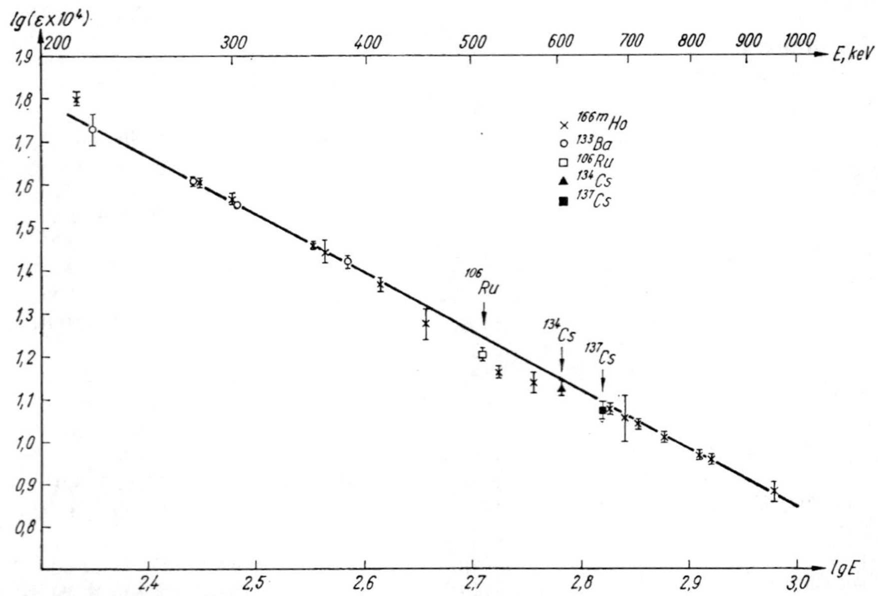

Abb. 7. Doppelt logarithmische Darstellung des relativen Wirkungsgrades des Ge(Li)-Detektors (200–1000 keV)

Die Vorteile der Bestimmung des Wirkungsgrades von Ge(Li)-Detektoren mit ^{166m}Ho liegen in der einfachen Herstellung dieses Nuklids durch Bestrahlung von ^{165}Ho mit thermischen Neutronen. Die große Halbwertszeit ($T_{1/2}$ = 1200 a) von ^{166m}Ho ermöglicht, ohne Korrektur der Aktivitätskonzentration, die praktisch unbegrenzte Nutzung einer einmal hergestellten Lösung. Im Vergleich zu anderen Kalibriernukliden, wie ^{152}Eu oder ^{154}Eu [8–10], besitzt ^{166m}Ho im Energiebereich von 80–1000 keV mehrere, gleichmäßig verteilte γ-Übergänge mit absoluten Intensitäten > 5% (Tab. 3) und eignet sich somit besonders für die Bestimmung des Wirkungsgrades von Ge(Li)-Detektoren.

Eingegangen am 2. 4. 1984
Überarbeitete Fassung am 2. 5. 1984

Literatur

[1] *V. M. Kolobaškin, P. M. Rubcov, V. G. Aleksankin, P. A. Rubžanskij*, Beta-izlucenie produktov delenija Atomizdat Moskva 1978, S. 70

[2] *S. Klepel*, unveröffentlicht

[3] *E. W. A. Lingeman, F. W. N. de Boer, B. J. Meijer*, Nucl. Instr. Meth. **118** (1974) 609

[4] *U. Reus, W. Westmeier, I. Warnecke*, GSI-Report 79-2, Darmstadt 1979

[5] *U. Reus, W. Westmeier*, Atomic Data and Nuclear Data Tables **29**, 2 (1983)

[6] *G. Erdtmann, W. Soyka*, Nuclear Data Service, Leipzig 1980

[7] *Y. Yoshizawa, Y. Iwata, T. Katoh, J.-Z. Ruan, T. Kojima*, Nucl. Instr. Meth. **174** (1980) 109

[8] *Y. Yoshizawa, Y. Iwata, Y. Iinuma*, Nucl. Instr. Meth. **174** (1980) 133

[9] *R. J. Gehrke, R. G. Helmer, R. C. Greenwood*, Nucl. Instr. Meth. **147** (1977) 405

[10] *K. Debertin*, Nucl. Instr. Meth. **158** (1979) 479

Isotopenpraxis **21** (1985) 4, S. 141 bis 143

Choice of Split Size for Optical Density Measurement of Alloys' Autoradiographs*)

M. Radwan

(Technical University of Poznan, Isotope Laboratory)[1]

In any alloy exists a region in which the constitution of structural elements corresponds to a mean content of metals forming the alloy. A region for which we can prove a presence of all alloy structural elements in the amount corresponding to the mean concentration is named a specific region. In this paper, the rules of choice of the split size for optical density measurement are presented and a thesis constating that a split size for the optical density measurement should be equal to the specific region size is verified. The thesis verification was accomplished using pattern autoradiographs.

In jeder Legierung gibt es einen Bereich, in dem der Zustand der Bestandteile einem mittleren Gehalt an Metallen, die die Legierung bilden, entspricht. Ein Bereich, in dem wir das Vorhandensein aller Bestandteile der Legierung in einer Menge, die der mittleren Konzentration entspricht, nachweisen können, wird der spezifische Bereich genannt. In der vorliegenden Arbeit werden die Regeln für die Auswahl der Schlitzgröße für die optische Dichtemessung vorgestellt und die These, daß die Schlitzgröße für eine optische Dichtemessung der Größe des spezifischen Bereiches entsprechen sollte, bewiesen. Der Beweis für die Richtigkeit der These wurde unter Verwendung von Musterautoradiogrammen geführt.

Keywords

alloys; autoradiography; industrial radiography; intermetallic compounds; simulation; spectral density

The choice of split size for optical density measurement was many times object of studies. Publications in the field underline the basic influence of this value on results of optical density measurement. But there are no instructions how to choose a split size in the special case. After all, the optical density measurement is considered as a work not concerned with the object tested and with the purpose of studies on this object.

The approving of any rules of the size choice must be preceeded by the analyse of autoradiograph under test, it means, we have to define at first the objects which we want study, or — in the case of alloys — to define the possibilities of displacement of the elements labelled by their isotopes in the alloy structure.

Thus, having considered the alloy solidification mechanism, we can point out two possibilities.

The first one means the concentration of radioisotope in the dendrites, grains and other primary formations, or in the eutectic, mixtures, solutions, intermetallic phases.

The second one means the releasing, concentration on the grain boundaries.

In the first case, on the autoradiographs we can observe the image of formations mentioned above, in the form of roun-shaped ghosts. In the second one — we can observe cellular forms.

But in any alloy, in any structure exists a region in which the concentration (a number) of structural elements, and in which the content of elements (metal, components) corresponds to a mean content of these elements. So, the region in which it is possible to prove the presence of all structural elements in the amount corresponding to the mean concentration is named a s p e c i f i c r e g i o n of the alloy under test.

*) Presented at the XIII. Internat. Symp. on Autoradiography held in Tabor, ČSSR, May 3–5, 1983

[1]) Address: 60-965 Poznań, ul. Piotrowo 5

Taking the size of the spefific region as a base, we can define the photometer size, i.e. an area from which the information on the searched element concentrations is taken.

Let us analyse the requirements which are to be met by this area of optical density measurement. If its parameters are to be agreed with the basic assumption stating that a mean content of component in the specific region corresponds to the mean value of element concentration for the alloy, a number of samples taken from the specific region have to be high enough to permit the mean value determination with the probability better than 90% [3].

This requirement is met by a number of 30 samples [4] it means that necessary split size for optical density measurement is equal to 1/30 of the specific region area.

To verify this thesis an experiment was carried leading to determination of the specific region size in the unconditional manner. In this experiment autoradiograph models representing two types of autoradiographs were used P (spot) and K (cells), with different element sizes, different irregularity degree (i.e. the way of displacement); Fig. 1.

Assuming that a general population of measuring points in the specific region has a finite number of elements (N), a sample size nedeed is derived form the formula:

$$n = \frac{U_{1-(\alpha/2)}^2}{4d^2} \tag{1}$$

where $U_{1-(\alpha/2)}$ quantile of normal distribution N (0,1)
d = maximal permissible estimation error at the probability of 0,95 $\quad U_{1-(\alpha/2)} = 1{,}96$
for $n = 30$ — d = max. permissible measuring error we have

$$d = \sqrt{\frac{U_{1-(\alpha/2)}^2}{4n}} = \frac{1{,}96}{\sqrt{4 \times 30}} = \sim 2\%$$

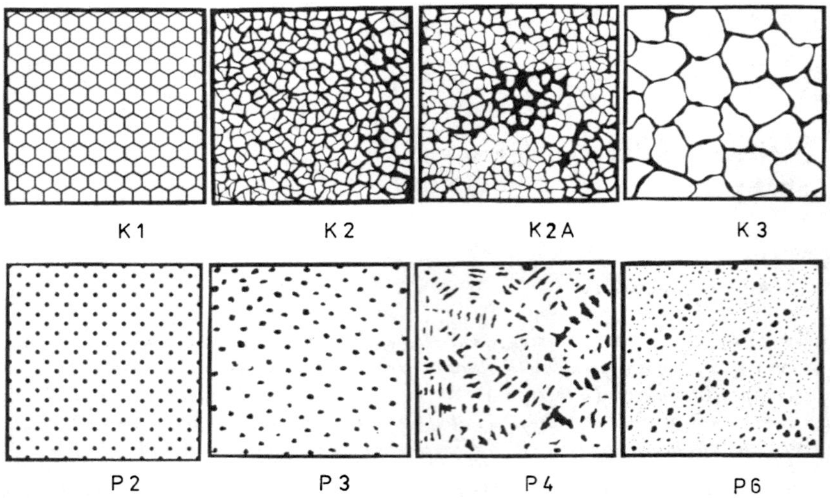

Fig. 1. Models of autoradiographs

For this reason, the area of photometer split has to be smaller than 1/30 of specific region.

The results obtained on the autoradiograph models presented above are useful in succeeding experiments under condition that the optical density was read at "random" points, so that these results are representative for whole autoradiograph. The points for optical density measurement were indicated using the random address network; whole area was devided into 625 sections; this number of sections constitute a finite general sample of optical density for every model. From this number a 50 addresses of the optical density measurement points were chosen in the random manner, i.e. according to the random number (Fig. 2).

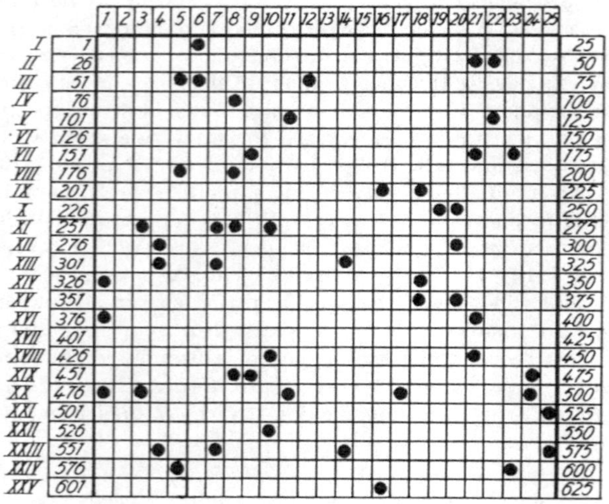

Fig. 2. The way of choice of random address

A set of the blackening measurement results at these points formed a representative sample.

To determine a mean content of black component in the autoradiograph model the optical density measurement of all autoradiograph area was performed using a camera applicated in geodesy to interprete images obtained from the air photographs (Camera system for Multiband Image Analysis, produced by Yutaka Electric MFG Co Ltd). Mean contents of black component are presented in Table 1.

Tab. 2. The choice of split size depending on characteristic region of autoradiographs models

autoradiograph	characteristic region area mm	split size mm²
K1	0·13 × 0·13	0·010
K2	0·40 × 0·40	0·053
K2A	0·40 × 0·40	0·053
K2B	0·40 × 0·40	0·053
K3	0·40 × 0·40	0·053
P1	0·13 × 0·13	0·010
P1A	0·13 × 0·13	0·010
P1B	0·13 × 0·13	0·010
P2	0·25 × 0·25	0·021
P2A	0·39 × 0·39	0·051
P3	0·30 × 0·30	0·030
P4	0·39 × 0·39	0·051
P5	0·39 × 0·39	0·051
P6	0·26 × 0·26	0·023

Tab. 1. Average contents of black component on autoradiographs models

autoradiograph	K1	K2	K2A	K2B	K3
black	28·3	58	59·7	30·5	25·5
white	71·6	38	41·4	70·2	75·0

autoradiograph	P1	P1A	P1B	P2	P2A	P3	P4	P5	P6
black	26·5	15·9	25·6	12·8	11·9	15·0	21·9	28·2	14·3
white	74·9	85·1	74·6	87·2	88·3	85·4	79·1	74·4	86·4

Tab. 3. Lists of calculated and measured middle value of the optical density autoradiographs models

autoradiograph		K1	K2	K2A	K2B	K3
averaged density	calculated	0·35	0·62	0·64	0·38	0·33
	measured*)	0·32	0·64	0·62	0·43	0·29

autoradiograph		P1	P1A	P1B	P2	P2A	P3	P4	P5	P6
averaged density	calculated	0·34	0·24	0·33	0·22	0·21	0·24	0·30	0·36	0·23
	measured*)	0·35	0·22	0·34	0·21	0·21	0·25	0·28	0·35	0·21

*) Split size 0.004 mm

The size of specific region was measured on the photometer by reducing the diaphragme limiting a photometric area. Shifting the model and observing a deflection instrument we have found every time the split size at which the readings in many points were identical (Tab. 2).

Of course, to obtain a very precise readings it is necessary to perform not less than 30 measurements and to establish a mean value for every series. If the deflections are not significant, the size of this split determines a specific region of autoradiographs tested.

Using a percentage value of black component covering ($D = 2$) and white component covering ($D = 0{,}2$), a mean blackening was calculated (Tab. 3).

Comparing these results with a mean value received in measurements we constated a satistactory conformity; thus, this way of split size determination gives no significant errors. It means that the proposal of split size determination is possible to take into the consideration.

Received February 29, 1984

References

[1] *F. Myšak, J. Špunda*, Nukleonika **25** (1980) № 10
[2] *M. Radwan, K. Gibas, E. Skowronska*, Isotopenpraxis **18** (1982) 216
[3] *D. Bobrowski, K. Maćkowiak-Łybacka*, „Wybrane metody wnioskowania statystycznego", Poznań 1982
[4] *K. Łybacka*, Fasciculi Mathematici 8, Poznań 1974

Isotopenpraxis **21** (1985) 4, S. 143 bis 146

Sorption of Small Amounts of Silver(I) on Lead Sulfide

S. Musić

(„Rudjer Bošković" Institute, Zagreb)[1]

Sorption of small amounts of silver(I) on lead sulfide has been measured in dependence on pH, time of sorption, and concentrations of sorbate and sorbent. Also, the influence of complexing agents on the sorption process has been studied. Lead sulfide can be used for the preconcentration of silver(I) in a broad range of pH values. The sorption capacity for silver(I) is high, since the process is not restricted only to the surface of the PbS sorbent. Although the presence of complexing agents (e.g. EDTA, citrate) affects the kinetics of the sorption of silver(I), quantitative preconcentration of silver(I) after a given sorption time is possible. However, in the presence of thiosulfate in high concentrations, quantitative preconcentration of silver(I) by the PbS sorbent cannot be performed.

Die Sorption geringer Mengen von Silber(I) durch Bleisulfid wurde in Abhängigkeit von pH-Wert, Sorptionszeit sowie Konzentration von Sorbens und sorbiertem Stoff gemessen. Auch der Einfluß von Komplexbildnern auf den Sorptionsprozeß wurde untersucht. Bleisulfid kann in einem weiten Bereich von pH-Werten für die Vorkonzentration von Silber(I) eingesetzt werden. Die Sorptionskapazität im Hinblick auf Silber(I) ist groß, da der Prozeß nicht nur auf die Oberfläche des PbS-Sorbens beschränkt ist. Obwohl die Anwesenheit von Komplexbildnern (z. B. EDTA, Citrat) die Kinetik der Silber(I)-Sorption beeinträchtigt, ist eine quantitative Vorkonzentration von Silber(I) nach einer entsprechenden Sorptionszeit möglich. In Anwesenheit von hochkonzentriertem Thiosulfat kann jedoch eine quantitative Vorkonzentration von Silber(I) durch das PbS-Sorbens nicht erfolgen.

Keywords

adsorption; chelating agents; chemisorption; EDTA; lead sulfides; silver 110 m; silver nitrates

Introduction

The conditions of the sorption of silver(I) on metal sulfides should be known because of (a) the preconcentration of silver traces prior to their instrumental determination, (b) the recovery of silver from waste solutions of different chemistry, (c) the immobilization of radioactive silver, and (d) the geochemistry of silver. The ACF (adsorption colloid flotation) method has been used [1] for Ag^+ preconcentration from seawater by the PbS-stearyl amine-N_2 system. Silver has been analyzed by atomic absorption spectrometry and the efficiency of Ag^+ preconcentration

[1]) Address: Bijenička c. 54, 41001 Zagreb, Croatia, Yugoslavia

from seawater has been discussed. Iron(II) sulfide, prepared by the reaction of iron(III) hydroxide gel and sulfide ions, has been tested [2] as a carrier for some trace elements including silver. Also, the kinetics of the sorption (1 — 60 minutes) of Ag(I), Au(III), Ru(IV), Rh(III), Pd(II), and Pt(II) on PbS and HgS in strong acidic medium has been measured [3 — 4].

Studies of the adsorption of inorganic ions on silver halogenides and Ag_2S have contributed to the understanding of the nature of ionic equilibrium at the metal halogenide(sulfide)/liquid interface. The influence of inorganic ions on the adsorption/desorption equilibrium of Eu^{3+} ions on AgI from electrolytic solution has been investigated [5]. It has been shown that a linear relation exists between the valence of the desorbing ions present and the logarithm of their concentrations at which half of the trivalent ions is desorbed. This result, together with the results obtained by the potentiometric [6] measurements and with the results of the ionic coagulation [7] of negatively charged AgI sols, has supported the idea of the interconnection between the counter ion adsorption, the constituent I^- ion adsorption and coagulation. The adsorption of inorganic ions on silver halogenides and Ag_2S under different conditions has also been the subject of other studies [8 — 12].

In the same time period, the mechanism of heterogeneous exchange has been radiometrically investigated [13 — 17] using the $AgI-Ag^+$ and $AgI-I^-$ model systems. These studies have shown the influence of the different properties of the AgI precipitate and the chemistry of liquid phase on the $AgI-Ag^+$ and $AgI-I^-$ exchange. A similar approach of investigation has been used in the study [18] of the $AgCl-Ag^+$ and $AgCl-Cl^-$ exchange.

In this study, the sorption of small amounts of silver(I) on PbS has been measured varying the chemistry of the liquid phase. The study was motivated by an interest in the preconcentration of silver in analytical chemistry and for the recovery of silver from waste solutions. The term sorption will be used in discussion as appropriate to describe the processes during the preconcentration of silver(I) by lead sulfide.

Experimental

All chemicals were of A.R. grade. Solutions were prepared using double distilled water. Well defined PbS was precipitated by the method of isoelectric precipitation. Purified H_2S gas was introduced into the solution of lead(II) acetate under strong stirring. The PbS precipitate was aged for 7 days and subsequently washed. Sulfide concentration was monitored by an Ag_2S membrane electrode. The isolated PbS precipitate was dried and used for sorption measurements in the form of fine powder.

^{110m}Ag radionuclide was produced using the nuclear reactor at the Boris Kidrič Institute in Belgrade. $AgNO_3$ solutions of appropriate concentrations were labelled with $^{110m}Ag^+$. In the preparation of the sorption systems the $Ag(^{110m}Ag)NO_3$ component was always added as the last component. All sorption systems were stirred for a given sorption time using a magnetic stirrer. The *p*H values were adjusted with NaOH or HNO_3 solution. Sorption measurements were performed at room temperature.

The sorption was characterized by comparing the radioactivity of the separated liquid phase with the radioactivity of a homogeneously distributed suspension of the sample. The liquid phase was separated from the PbS solid phase using a Janetzki T24 centrifuge. The count rates were measured with a well-type NaI(Tl) scintillation crystal connected to a ST-3 scaler (Nuclear Enterprises Ltd.). The *p*H measurements of the liquid phase were always performed after the centrifugation and sampling of an aliquot for counting using a GK2302B electrode and PHM-26 instrument by Radiometer.

The sorption measurements presented in this paper are based on the radiometric method described in previous papers [19 — 20].

Results and Discussion

The sorption of small amounts of silver(I) on lead sulfide in dependence on *p*H values is shown in Fig. 1. The sorption time is 30 minutes. The results indicate that the percentage of sorption is 100% between *p*H 1·50 and *p*H 8·25, and that with further increase in *p*H values sorption slightly decreases. A sorption value of 98·0% is measured at *p*H 12·00.

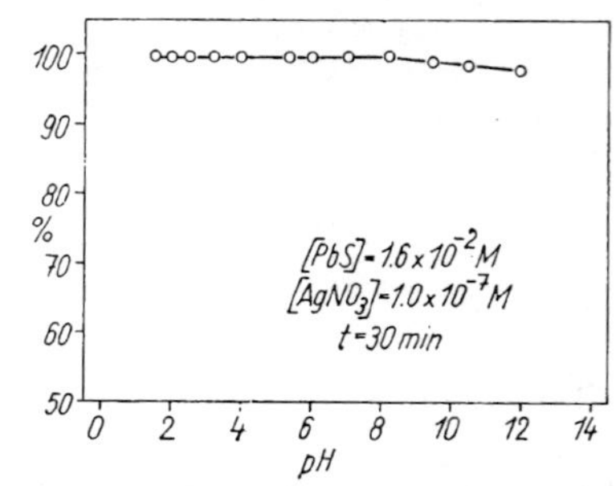

Fig. 1. Sorption of silver(I) on lead sulfide as a function of *p*H

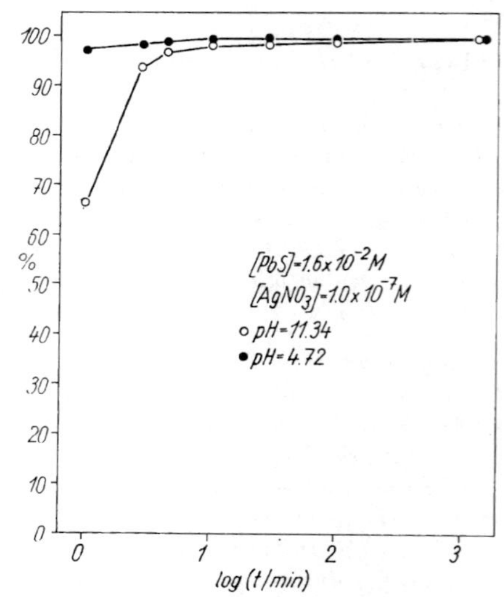

Fig. 2. Sorption of silver(I) on lead sulfide as a function of time

Fig. 2 shows that the rate of the sorption of silver(I) is *p*H dependent. The sorption percentage is 100% for 10 minutes at *p*H 4·72 and close to 100% for 100 minutes at *p*H 11·34. This difference can be explained on the basis of Ag^+ chemistry in dependence on *p*H. At lower and neutral *p*H values silver(I) is present as an $Ag(H_2O)_2^+$ complex. In alkaline medium, there is a formation of AgOH which transforms to Ag_2O. At higher *p*H values [21] complexes, such as $Ag(OH)_2^-$, $Ag_3(OH)_4^-$ and $Ag_3O(OH)_2^-$, may also be present. Investigations of the behavior of Ag^+ in dependence on *p*H at low concentrations (5×10^{-7} M $AgNO_3$) have shown the absence of a true AgOH colloid [22]. Evidently, the $Ag(H_2O)_2^+$ complexes formed in acidic and neutral *p*H media easily penetrate the double layer at the PbS/liquid interface to exchange Ag^+ with Pb^{2+} ions.

Contrary to the sorption of silver(I) on lead sulfide, the sorption of silver(I) on (hydr)oxide sorbent is strongly *p*H-dependent. The experiment performed with "amorphous" $Fe(OH)_3$ has shown that the sorption of 1×10^{-7} M Ag^+ is approaching to 100% at $pH > 8$ [23]. However, the sorption measured at lower *p*H values was almost decreased to zero percent. The concentration of $Fe(OH)_3$ corresponded to $1{\cdot}0 \times 10^{-2}$ M $Fe(NO_3)_3$ at a given *p*H. A similar *p*H-dependence of the sorption of different cations on "amorphous" iron(III) hydroxide and α-Fe_2O_3 has been observed [19—20, 24—28]. Generally, the hydrolysis of cations is assumed to be responsible for enhanced sorption on (hydr)oxides with increasing *p*H, although the use and meaning of the term hydrolysis is not always consistent. The sorption of anion (iodate) on "amorphous" $Fe(OH)_3$ or α-Fe_2O_3 shows a reverse *p*H-dependence [23,29]. Adsorption (sorption) of different inorganic ions on (hydr)oxides has been reviewed [30—31]. The difference in *p*H-dependence between the sorption of silver(I) on PbS and (hydr)oxide can be explained by different sorption mechanisms. Silver(I) ions adsorbed on PbS surface exchange with Pb^{2+} and penetrate into the bulk of the PbS solid. On the other hand, the silver(I) ions are sorbed on (hydr)oxide by the exchange with protons on the surface of the sorbent.

The influence of $AgNO_3$ concentration on the sorption kinetics of silver(I), presented in Fig. 3, shows that there is no significant change in the sorption kinetics up to $1{\cdot}0 \times 10^{-5}$ M $AgNO_3$. However, at the $1{\cdot}0 \times 10^{-3}$ M $AgNO_3$ concentration the precentage of sorption increases from 41·5% to 100% within a sorption time from 1 to 100 minutes. The sorption of small amounts of silver(I) in dependence on the concentration of the PbS sorbent is shown in Fig. 4. The percentage of sorption increases from 46·2% to 96·2% within a sorption time of 10 to 1440 minutes at an $8{\cdot}0 \times 10^{-4}$ M PbS concentration. The changes in the percentage of sorption, presented in Fig. 4, are primarily influenced by the changes in the effective surface of the PbS sorbent.

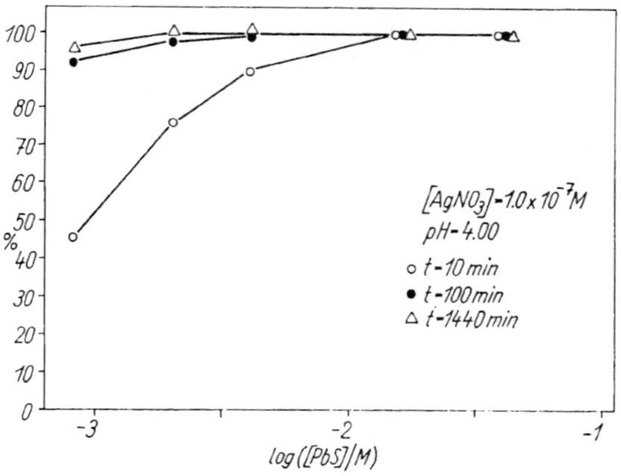

Fig. 4. Sorption of silver(I) on lead sulfide, in the presence of different amounts of sorbent, as a function of time

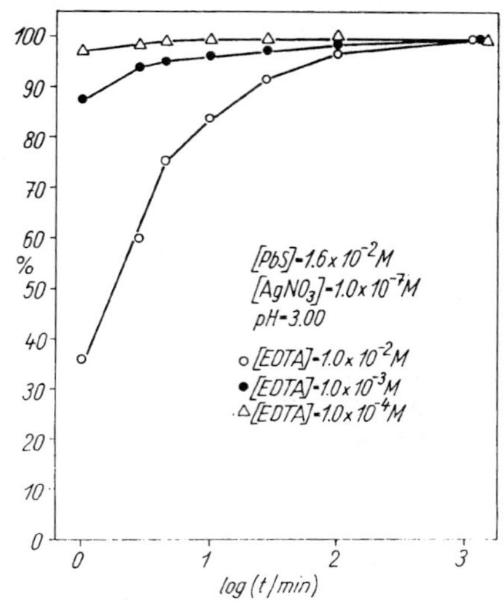

Fig. 5. Sorption of silver(I) on lead sulfide, in the presence of EDTA, as a function of time

The presence of different complexing agents in the solution is known [26—27, 31—34] to affect the sorption processes. For this reason, as well as the fact that real systems often contain different complexing agents, the sorption of small amounts of silver(I) has been measured in the presence of EDTA, citrate and thiosulfate. The results obtained in the presence of EDTA are presented in Fig. 5. This figure shows that the rate of sorption of Ag^+ is dependent on EDTA concentrations greater than $1{\cdot}0 \times 10^{-4}$ M. The sorption percentages for t = 100 min are nearly 100%, and for longer times maximal (100%) sorption values are measured. This sorption behaviour of silver(I) in the presence of EDTA is due to the formation of silver(I)-EDTA complexes [21], and the extent of the influence on sorption is dependent on their stability and charge. A similar sorption behaviour of silver(I) is observed in an excess of sodium citrate.

Thiosulfate ions have a significant influence on the sorption of small amounts of silver(I) on PbS (Fig. 6). Here the effect of thiosulfates is more pronounced than in the presence of other complexing agents. After 1440 minutes (1 day), the sorption values measured were 100% at $1{\cdot}0 \times 10^{-3}$ M $Na_2S_2O_3$, 71·8% at $1{\cdot}0 \times 10^{-2}$ M $Na_2S_2O_3$ and 30·9% at $1{\cdot}0 \times 10^{-1}$ M $Na_2S_2O_3$. For longer times of

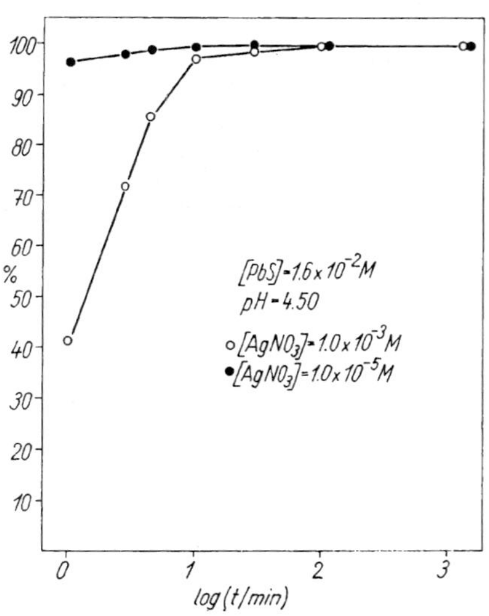

Fig. 3. Sorption of silver(I) on lead sulfide, in the presence of different concentration of $AgNO_3$, as a function of time

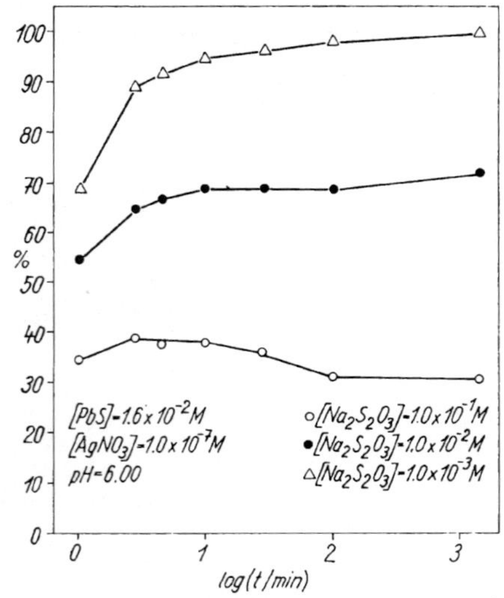

Fig. 6. Sorption of silver(I) on lead sulfide, in the presence of sodium thiosulfate, as a function of time

sorption ($t > 1$ day), there was a slight increase in the sorption percentages in the concentration range from 1.0×10^{-2} M to 1.0×10^{-1} M $Na_2S_2O_3$. It has been found [21] that Ag^+ ions in an excess of $S_2O_3^{2-}$ ions from $AgS_2O_3^-$, $Ag(S_2O_3)_2^{3-}$ and $Ag(S_2O_3)_3^{5-}$ complexes. Also, depending on the ionic equilibrium in the solution binuclear and polynuclear complexes, such as $Ag_2(S_2O_3)_3^{4-}$, $Ag_2(S_2O_3)_4^{6-}$, $Ag_3(S_2O_3)_4^{5-}$, $Ag_3(S_2O_3)_5^{7-}$ and $Ag_6(S_2O_3)_8^{10-}$ may be formed. The formation of the thiosulfate complexes of silver(I) is responsible for the strong suppression of Ag^+ sorption on PbS. An increase in the sorption percentages with longer times of sorption ($t > 1$ day) can be explained by the decomposition of thiosulfate complexes and fixation of Ag^+ as a sulfide. A strong effect of thiosulfates on the adsorption of the traces of silver(I) on glass and plastic container material has also been observed [35]. In practice, this effect can be used to eliminate the losses of silver traces due to the adsorption on container surfaces.

The results obtained in this study show that PbS can be used for the preconcentration of Ag^+ in a broad range of pH values. Its sorption capacity for Ag^+ is high, since the process is not restricted only to the surface of the PbS sorbent. Silver(I) adsorbed at the PbS/liquid interface exchanges with Pb^{2+} ions and penetrates into the bulk of the PbS solid. Although the presence of complexing agents, such as EDTA and citrate, affects the kinetics of Ag^+ sorption, quantitative preconcentration after a given time of sorption is possible. However, in the presence of thiosulfates in high concentrations quantitative preconcentration of Ag^+ by the PbS sorbent cannot be performed. The results indicate that preconcentration of Ag^+ by the PbS sorbent cannot be performed as a routine procedure in the presence of complexing agents.

Received June 6, 1984

References

[1] *N. Rothstein, H. Zeitlin*, Anal. Letters **9** 1976) 461
[2] *R. Caletka, M. Tympl, P. Kotas*, J. Chromatogr. **111** (1975) 93
[3] *St. Alexandrov, I. V. Golubtzov*, Ann. Univ. Sofia (Bulgaria), Fac. Chem. **65** (1972) 105
[4] *St. Alexandrov, I. V. Golubtzov*, Ann. Univ. Sofia (Bulgaria), Fac. Chem. **65** (1972) 113
[5] *M. J. Herak, M. Mirnik*, Kolloid Z. Z. Polymere **179** (1961) 130
[6] *M. Mirnik, S. Musić*, Progr. Colloid Polymer Sci. **61** (1976) 36
[7] *B. Težak, E. Matijević, K. Schulz*, J. Phys. Colloid Chem. **55** (1951) 1557
[8] *M. J. Herak, M. Mirnik*, Croat. Chem. Acta **34** (1962) 153
[9] *M. J. Herak, M. Mirnik*, Kolloid Z. Z. Polymere **205** (1965) 139
[10] *M. J. Herak*, Kolloid Z. Z. Polymere **232** (1969) 793
[11] *R. Despotović, M. J. Herak, M. Mirnik*, Z. Selir, Tenside **7** (1970) 245
[12] *M. Hus*, Ph. D. Thesis, University of Zagreb, Zagreb 1974
[13] *M. Mirnik, R. Despotović*, Kolloid Z. Z. Polymere **180** (1962) 51
[14] *M. Mirnik, R. Despotović*, Croat. Chem. Acta **33** (1961) 107
[15] *R. Despotović, M. Mirnik*, Croat. Chem. Acta **37** (1965) 163
[16] *R. Despotović, B. Subotić*, Croat. Chem. Acta **45** (1973) 377
[17] *R. Despotović, B. Subotić* J. Inorg. Nucl. Chem. **38** (1976) 1317
[18] *M. Vlatković, M. Mirnik, R. Despotović*, Croat. Chem. Acta **37** (1965) 295
[19] *S. Musić, J. Šipalo-Žuljević, M. Vlatković*, Isotopenpraxis **13** (1977) 243
[20] *S. Musić, R. H. H. Wolf, J. Šipalo-Žuljević*, Mikrochim. Acta (Wien) **1978** II, 303
[21] *I. V. Pyatnickii, V. V. Suhan*, Analytical Chemistry of Silver (*in russian*), Moscow Nauka: 1975 (and the corresponding references cited in this book)
[22] *F. Ichikawa, T. Sato*, Radiochim. Acta **24** (1977) 49
[23] *S. Musić*, unpublished results
[24] *S. Musić, R. H. H. Wolf*, Mikrochim. Acta (Wien) **1979** I, 87
[25] *S. Musić, M. Gessner, R. H. H. Wolf*, Mikrochim. Acta (Wien) **1979** I, 95
[26] *S. Musić, M. Gessner, R. H. H. Wolf*, Mikrochim. Acta (Wien) **1979** I, 105
[27] *S. Musić, M. Gessner, R. H. H. Wolf*, J. Radioanal. Chem. **50** (1979) 91
[28] *S. Musić, M. Gessner, J. Šipalo-Žuljevic, R. H. H. Wolf*, Decontamination of Radionuclides by (Hydr)oxide Precipitates, XXI Congresso Nazionale AIRP, Palermo, Oct. 16–19, 1979, p. 635
[29] *S. Musić, J. Šipalo-Žuljević, R. H. H. Wolf*, Radiochem. Radioanal. Letters **45** (1980) 235
[30] *Yu. P. Davydov*, State of Radionuclides in Solution (*in russian*), Minsk: Nauka i Tehnika 1978
[31] *M. A. Anderson, A. J. Rubin*, Adsorption of Inorganics at Solid-Liquid Interface, Ann Arbor-Michigan 1981: Ann Arbor Science Publ., Inc.
[32] *S. Musić, M. Gessner, R. H. H. Wolf*, Radiochim. Acta **26** (1979) 51
[33] *J. Vuceta, J. J. Morgan*, Environ. Sci. Technol. **12** (1978) 1302
[34] *J. A. Davis, J. O. Leckie*, Environ. Sci. Technol. **12** (1978) 1309
[35] *F. K. West, P. W. West, F. A. Iddings*, Anal. Chem. **38** (1966) 1566

Isotopenpraxis 21 (1985) 4, S. 147 bis 149

Development of Single Strip Radiochromatography Procedures for ^{99m}Tc Renal Radiopharmaceuticals

V. Jovanović, T. Maksin, J. Bzenić, N. Terzić

(Boris Kidrič Institute of Nuclear Sciences Vinča, Beograd, Yugoslavia)

A rapid and efficient chromatographic method was developed to determine the labelling yields and radiochemical purity of ^{99m}Tc-renal radiopharmaceuticals, including ^{99m}Tc-glucoheptonate (^{99m}Tc-Gh), ^{99m}Tc-gluconate (^{99m}Tc-Gl), ^{99m}Tc-dimercaptosuccinic acid (^{99m}Tc-DMSA), and ^{99m}Tc-diethylene triamine penta acetic acid (^{99m}Tc-DTPA). The chloroform/water partition coefficient was determined. For the separation of radiochemical impurities from ^{99m}Tc-renal radiopharmaceuticals, the chromatography TLC on silica gel, and the instant thin-layer chromatography (ITLC) were used, applying polar and nonpolar solvents. The quantitative distribution of ^{99m}Tc-renal preparation was determined by biological analysis on white rats.

Eine schnelle und effektive chromatographische Methode zur Bestimmung der Markierungsausbeuten und der radiochemischen Reinheit von ^{99m}Tc-Nieren-Pharmazeutika einschließlich von ^{99m}Tc-Glucoheptonat (^{99m}Tc-Gh), ^{99m}Tc-Gluconat (^{99m}Tc-Gl), ^{99m}Tc-Dimerkapto-Bernsteinsäure (^{99m}Tc-DMSA) und ^{99m}Tc-Diethylen-triamin-penta-Essigsäure (^{99m}Tc-DTPA) wurde entwickelt. Die Verteilungskoeffizienten in $CHCl_3/H_2O$ sind ermittelt worden. Zur Abtrennung der radiochemischen Verunreinigungen von ^{99m}Tc-Nieren-Radiopharmazeutika wurde die Dünnschicht-Chromatographie auf Silika-Gel und die unmittelbare Dünnschicht-Chromatographie unter Verwendung polarer und unpolarer Lösungsmittel verwendet. Die quantitative Verteilung von ^{99m}Tc-Nieren-Präparaten wurde durch eine biologische Analyse an weißen Ratten bestimmt.

Keywords

purification; radiochromatography; radiopharmaceuticals; separation processes; technetium 99m; thin-layer chromatography

Introduction

The chromatographic quality control procedures are of a great importance for both, nuclear medicine centres which produce and for nuclear medicine centres which prepare by "instant techniques" and apply these radiopharmaceuticals. A short lived radionuclide, ^{99m}Tc with a half-life of six hours, imposes the necessity of developing a method which would allow a rapid and accurate determination within a relatively short interval of time.

Radiochemical impurities in ^{99m}Tc-renal preparations present a free, unreduced $^{99m}TcO_4^-$ and ^{99m}Tc-hydrolyzate which are distributed on other organs and induce their secondary irradiation. According to literature, for the determination of radiochemical purity of preparations, numerous chromatographic methods were used, such as: a paper chromatography [1, 2], on the column [3], TLC [4] and electrophoresis [4]. However, the difficulty is to choose the adequate method which would give a simultaneous separation of all present radiochemical impurities on the one chromatographic strip.

^{99m}Tc – Gh and ^{99m}Tc – Gl are the renal agents for morphologic and function analyses of kidneys [5].

^{99m}Tc-DMSA, with a great affinity for binding to renal cortex, is used for morphologic investigation [6].

^{99m}Tc-DTPA is used for the investigation of renal functions: glomerular filtration, renal plasma flow and for the determination of free water [7,8].

This study was initiated in order to determine, on the basis of partition coefficients, a suitable and reliable stationary and mobile phase for the separation of radiochemical impurities on the same strip.

By biological analysis the specific accumulation of renal agents and radiochemical impurities in certain organs of tested animals was followed.

Methodology

For the experimental work the commercial preparations produced at the Institute for radioisotope production at Vinča were used.

For the labelling of renal an eluate obtained from a ^{99}Mo – ^{99m}Tc generator (Malinckrodt) was used.

Apparent Partition Coefficient (APC)

Renal preparations, ^{99m}Tc-Gh, ^{99m}Tc-Gl, ^{99m}Tc-DMSA and ^{99m}Tc-DTPA were equilibrated with 3 ml chloroform for the time interval of 3 hours at the temperature of 37 °C with mild shaking. Furthermore, the phases were separated among themselves at 2000 rpm centrifugated for 5 minutes. Then the activity of separated phases was measured and for the sake of comparison the activity of samples of 1 ml each which were not equilibrated, was measured. The APC was calculated according to [9].

Radiochromatographic methods

a) *Thin layer chromatography.* The Silica gel strips (Merck, Kieselgel 60) were used for the separation of $^{99m}TcO_4^-$ and ^{99m}Tc-hydrolyzate from ^{99m}Tc-glucoheptonate. The strips dimensions were 2 cm × 20 cm. As a mobile phase, first an organic non-polar solvent, absolute methanol with the front migration of 14 cm was used. Then, the strip was dried in the air and then again the same strip was developed with 0·9% NaCl, until the solvent front achieves 6 cm. After drying of radiochromatogram, the distribution of radioactivity was determined by measuring 1 cm long segment. Percentages of particular fractions were determined from ther ratios to the total band activity.

b) *Gelman instant thin-layer chromatography.* ITLC (SA) strips were used for the separation of $^{99m}TcO_4^-$ and ^{99m}Tc-hydrolyzate from ^{99m}Tc-Gl, ^{99m}Tc-DMSA, and ^{99m}Tc-DTPA. The dimensions of strips were 2 × 20 cm. As a mobile phase, first acetone with the separation front of 14 cm was used, then, the strips were dried in the air for two minutes and then again the same strip was developed in 1 N NaCl, until the solvent front reaches 6 cm. The radioactivity distribution was determined on the basis of measuring the radioactivity of the strips.

Biological distribution

For the quantitative distribution of renal preparations, wister male rats of 200 to 250 g were used. In the tail vein was injected 0·1 ml of 37 kBq. Animals were sacrificed at the time interval when the maximum activity appeared in the kidneys: for ^{99m}Tc-Gh and ^{99m}Tc-Gl one hour, for ^{99m}Tc-DMSA two hours and for ^{99m}Tc-DTPA 3 minutes after injection.

Results and Discussion

With the change of *p*H value of preparation also changes the degree of disociation, thus bearing the influence of APC results. Undisociated part of the molecule is more soluble in non polar phase than the disociated molecule, what leads to the increase of APC lipoid/water ratio.

The APC results are obtained at *p*H of the final solutions, so as to enable, on the basis of the preparation polarity, to make a choice of mobile phase for radiochemical purity control. The values thus obtained are shown in Tab. 1.

Tab. 1. Partition coefficient values of ^{99m}Tc-renal preparations in chloroform/water

Preparations	APC*)	*p*H values
^{99m}Tc-Gh	0·016 ± 0·003	6·0 – 7·0
^{99m}Tc-Gl	0·020 ± 0·005	7·0 – 7·5
^{99m}Tc-DMSA	0·090 ± 0·002	2·8 – 3·1
^{99m}Tc-DTPA	0·037 ± 0·004	4·5 – 6·0

*) Mean of six analysis ± s.d.

It is evident from the results that APC values are low except for ^{99m}Tc-DMSA, what points to the smaller solubility of this preparation in vater. As the other preparations studied are polar and are in disociated form at the *p*H values shown, with great solubility in water. The results of ^{99m}Tc-Gh radiochemical purity are shown in Fig. 1. As can be seen from the results, $^{99m}TcO_4^-$ is soluble in absolute methanol and migrates with Rf 0·85. ^{99m}Tc-Gh and ^{99m}Tc-hydrolyzate are insoluble in the organic phase and they an retained at the origin (Rf 0·00). ^{99m}Tc-Gh, as a polar substance, migrates with the saline solution up to Rf 0·42 while ^{99m}Tc-hydrolyzate, as non polar compound remains the origin.

With this method a reliable separation of radiochemical impurities from ^{99m}Tc-Gh is achieved on the same strip of hydrophobic silica gel applying two solvent systems.

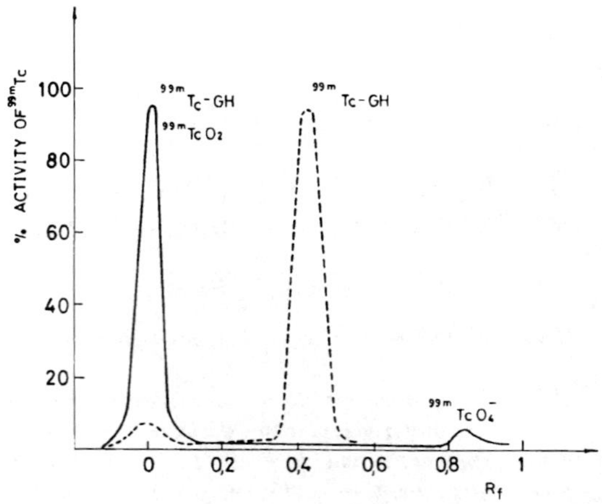

Fig. 1. Radiochromatogram of ^{99m}Tc – Gh using silica gel in absolute methanol (———) and 0,9 % NaCl (- - - - -)

Tab. 2. Radioactivity distribution of ITLC(SA) with acetone and 1 N NaCl

Preparations	% total activity		
	Acetone $^{99m}TcO_4^-$	1 N NaCl $^{99m}TcO_2^*$)	Labelling
^{99m}Tc-Gl	2·3	1·4	96·3
^{99m}Tc-DMSA	0·1	12·3	86·6
^{99m}Tc-DTPA	1·3	0·1	98·6

$^{99m}TcO_2^*$) = ^{99m}Tc-hydrolyzed

The results on radiochemical purity of ^{99m}Tc-Gl, ^{99m}Tc-DMSA and ^{99m}Tc-DTPA are presented in Tab. 2.

With acetone as non polar solvent pertechnetate migrates with an Rf of 0·85 to 0·91. All three radiopharmaceuticals are insoluble in acetone and migrate with the other polar solvent, 1 N NaCl with Rf values from 0·40 to 0·45. ^{99m}Tc-hydrolyzate is insoluble in aqueous solutions and remains at the origin.

^{99m}Tc-DMSA contains less than 1% of $^{99m}TcO_4^-$ and more than 10% ^{99m}Tc-hydrolyzate; the labelling yield being approx. 85%. ^{99m}Tc-Gl and ^{99m}Tc-DTPA contain negligible percentages of $^{99m}TcO_4^-$ and ^{99m}Tc-hydrolyzate; the yield of labelling being over 95%.

The results of radiochromatographic analysis are the men values obtained in the regular one year control of renal preparations.

The results on quantitative distribution of preparation to animal organs are shown in Tab. 3.

From the results it is evident that ^{99m}Tc-DMSA is detected in a large percentage in kidney, 64·5%, but because of the increased content of ^{99m}Tc-hydrolyzate it has considerable activity in liver, 6·2% and the low activity ratio for kidney/liver 10·7.

^{99m}Tc-Gh and ^{99m}Tc-Gl are detected in smaller quantity in the kidneys and liver and because of that they have more advantagens activity ratio kidney/liver, 25·5 and 15·9, respectively.

^{99m}Tc-DTPA has no specific organ in which accumulates, but it is very quickly eliminated from the blood circulation by glomerular filtration. This property is taken as a basis for estimation of kidneys functions.

Tab. 3. ^{99m}Tc-renal preparation distribution in tissue of wistar rats

Preparations	Activity distribution, % per organ						
	lungs	liver	spleen	kidneys	stomach	intestine	kidney/liver
^{99m}Tc-Gh	0·10 ± 0·02	1·10 ± 0·3	0·4 ± 0·05	24·8 ± 2·4	0·6 ± 0·2	6·1 ± 3·7	22·5
^{99m}Tc-Gl	0·30 ± 0·08	1·60 ± 0·2	0·90 ± 0·2	25·5 ± 5·0	0·40 ± 0·21	2·0 ± 1·5	15·9
^{99m}Tc-DMSA	0·50 ± 0·2	6·20 ± 0·7	0·2 ± 0·1	64·5 ± 5·3	0·8 ± 0·2	3·8 ± 1·1	10·7
^{99m}Tc-DTPA	1·1 ± 0·3	4·3 ± 1·5	0·3 ± 0·1	11·4 ± 3·2	0·7 ± 0·3	2·8 ± 1·7	2·6

Mean of nine animals ± s.d.

Conclusion

Simple chromatographic systems were developed for determination of radiochemical purity of ^{99m}Tc-renal preparations. The principle of these methods lies in the solubility of $^{99m}TcO_4^-$ in organic solvents which have a longer way of migrates compared to the polar solvent in which the renal agent is desolved and migrates the half way of the organic solvent.

For the routine check of radiochemical purity the following procedure reccomended: for ^{99m}Tc-Gh, TLC on Silica gel, were as a first comes the development with the absolute methanol until the front of 14 cm is reached, and the second solvent is 0·9% NaCl with the front of 6 cm. For ^{99m}Tc-Gl, ^{99m}Tc-DMS and ^{99m}Tc-DTPA, the ITLC/SA method is used. As a first solvent the acetone with the front of 14 cm is applied and as a second sovlent 1 N NaCl with the fron of 6 cm.

The results obtained on the experimental animals confirm the results of radiochemical purity obtained by chromatographic methods.

Received June 27, 1984

References

[1] *S. Archimandritis, E. P. Belkas*, J. Radioanal. Chem. **43** (1978) 287
[2] *L. G. Colombetti, S. Moerlin, G. C. Patel* et al., J. Nucl. Med. **14** (1976) 805
[3] *L. Darte*, Nucl. Med. (Stuttg.) **20** (1981) 51
[4] *E. K. Pauwels, R. I. Feitsma*, Eur. J. Nucl. Med. **2** (1977) 97
[5] *Shiow-Ling Chi, S. G. Hoag, V. A. Ynchick*, J. Nucl. Med. **19** (1978) 520
[6] *T. H. Lin, A. Khentigan, H. S. Winchell*, J. Nucl. Med. **15** (1974) 34
[7] *J. C. Roos, H. A. Koomans, P. Boer* et al., Eur. J. Nucl. Med. **6** (1981) 551
[8] *K. Rootwelt, D. Falach, R. Sjökvist*, Eur. J. Nucl. Med. **5** (1980) 97
[9] *W. A. Ritschel*, Lipoid/Water partition coefficient. Handbook of basic pharmacokinetics. Hamilton Press Inc., Illinois, 1977, p. 56

Kurze Originalmitteilungen

Isotopenpraxis 21 (1985) 4, S. 149 bis 150

BASIC-Programm zur Gammaspektrometrie am VKA 4995

M. Geisler, A. Rämmler

(Zentralinstitut für Isotopen- und Strahlenforschung der AdW der DDR, Leipzig)[1])

Keywords

computer codes; gamma spectroscopy

Der im Zentralinstitut für Kernforschung (ZfK) Rossendorf entwickelte und vom Zentrum für wissenschaftlichen Gerätebau der AdW der DDR in Berlin produzierte Vielkanalanalysator VKA 4995 ist eine hochspezialisierte Variante des Mikroprozessorsystems MPS 4944. In seiner softwaremäßigen Grundausrüstung gestattet er im sogenannten Monitorbetrieb die Registrierung, Darstellung und Ausgabe von Impulshöhenverteilungen [1]. Dabei ist zur Nutzung der vielfältigen Möglichkeiten die Parametereinstellung in den Monitorkommandos im Dialogbetrieb vorgesehen. Zur weiteren Datenverdichtung (Spektrenauswertung) steht dem Nutzer ein leistungsfähiger BASIC-Interpreter zur Verfügung.

Ein wesentlicher Vorteil des Gerätes ist die gleichzeitige rechnerische Behandlung eines Spektrums während der Messung eines weiteren durch den „Vordergrund/Hintergrundbetrieb“. Das bedeutet aber jeweils Wechsel zwischen BASIC- und Monitorbetrieb zu Rechnung bzw. Steuerung.

[1]) Anschrift: DDR-7050 Leipzig, Permoserstr. 15

Es wurde deshalb ein BASIC-Programm entwickelt, das neben Auswertefunktionen Kommandos zur Steuerung des Meßprozesses enthält, so daß im Routinebetrieb der Monitordialog vereinfachend übergangen werden kann und ein Verlassen des BASIC nicht mehr notwendig ist.

Folgende Steuerfunktionen werden realisiert:

- automatische Initialisierung der Meßparameter und der Spektrendarstellung bei Programmstart
- Start und Stop des Meßvorganges
- Spektrenlöschen mit oder ohne Erhaltung der Lichtmarken
- Transport des Vordergrundspektrums in den Hintergrundbereich oder umgekehrt
- Blättern (Transport des abgebildeten Spektrenteils um die volle Darstellungsbreite, entspricht einem „Schnellrollen“) und Aufruf des Spektrenanfangs
- Komprimieren und Expandieren der Spektrendarstellung (512 bzw. 128 Kanäle)
- Meßzeitvorwahl (als Übergangslösung solange keine Uhr im Gesamtsystem integriert ist; bei diesem Kommando kann der BASIC-Interpreter nicht anderweitig genutzt werden)
- Aufruf des Monitors

Im Mittelpunkt des Auswerteteils des Programms steht die Nettopeakflächenberechnung mit zugehöriger Standardabweichung nach der Totalpeakmethode, wobei zur Festlegung des Untergrundverlaufs rechts und links des Peaks unterschiedlich viele Kanäle (auch Null) vorgewählt werden können. Ausgewertet wird jeweils der Bereich zwischen zwei Lichtmarken (ROI), der aktuell den Spektrencursor enthält. Damit ist neben dem schnellen Rollübergang von einem ROI zum nächsten durch den Gerätebediener (BASIC ist zu langsam bei langen Spektren) auch eine Sichtkontrolle des Peakbereichs vor der Auswertung gesichert. Dieses Vorgehen gab dem Programm auch seinen Namen: COMA — Cursororientiertes Meß- und Auswerteprogramm.

Die einzeln aufrufbaren Auswerteteile sind

- Energieeichung und -berechnung (quadratisch oder linear)
- Peakauswertung mit Energieberechnung und Nettopeakflächenbestimmung
- Spektrenglättung (5 Punkte, parabolisch)
- Berechnung der Halbwertsbreite
- Korrektur des radioaktiven Zerfalls (Halbwertszeitkorrektur)
- Druckerausgabe des ROI oder Plotten des ROI mit dem Zifferndrucker
- Textausgaben zur Meßprotokollierung

Das Programm belegt etwa den gesamten BASIC-Textpuffer (15 kByte). Eine ausführliche Beschreibung findet sich in [2].

Die Autoren danken Herrn Dr. *K. Leege*, ZfK Rossendorf für hilfreiche Unterstützung bei Fragen im Zusammenhang mit dem Monitorprogramm.

Eingegangen am 19. 11. 1984

Literatur

[1] Softwaredokumentation für den Vielkanalanalysator VKA 4995, ZfK Rossendorf 1/84

[2] *M. Geisler, A. Rämmler*, COMA — Cursororientiertes Meß- und Auswerteprogramm zur Gammaspektrometrie am Vielkanalanalysator VKA 4995, Preprint ZfI-49 (Nov. 1984)

Isotopenpraxis 21 (1985) 4, S. 150 bis 151

Tagungsberichte

International Conference on Applications of Radioisotopes and Radiation in Industrial Development (ICARID), March 1—3, 1984 in Bombay (India)

ICARID was organised by India's National Association for Applications of Radioisotopes and Radiation in Industry (NAARRI) in co-operation with the International Atomic Energy Agency, Vienna. The International Conference was attended by 400 participants from India, Japan, France, United States, West Germany, Australia, Egypt, Indonesia, Bangla Desh, Thailand, Sri Lanka, Malaysia and the Philippines. The three day conference reviewed the state-of-art of industrial applications of radioisotopes and radiation around the world and had in-depth discussions on radiation processing, non-destructive testing, nucleonic gauging and radiotracer applications. There were in all, 25 oral presentations and summaries of 29 other contributions were presented by rapporteurs.

Radiation processing

In the field of radiation processing, there were seven oral presentations and ten others were rapporteured. *S. V. Nablo* (USA) reviewed the rather widespread useof self-shielded electron accelerators. These included finishing/converting of paper, curing of magnetic/abrasive binders, wood, plastic and metal coatings, textiles and also sterilisation/disinfestation.

J. Lazier (France), while reviewing the current status and future potential of industrial applications of radiation processing in France, indicated that a new type of "filamentless" low energy accelerator (200 — 300 keV) has been developed in France. The radiation processing applications in France include radiation cross-linking of electrical wires and cable, polyethylene pipes for central heating and hip prostheses and radiation grafting of acrylic acid on to polyethylene for the fabrication of improved aluminium foil — polyethylene laminations. Many types of "plasthyds" which are copolymers that slowly release active substances have been developed. Examples are intra-uterine devices with copper as the active substance, anti-cough drugs and vascular prostheses.

Y. Oshima (Japan) said that 80 electron accelerators and six cobalt-60 facilities are in use in Japan for radiation processing. The range of applications include production of heat-resistant wires and cables, heat-shrinkable polyethylene, plastic foam, pre-curing of tyre rubber, sterilisation of medical supplies and sprout inhibition in potatoes. Recently a battery separator which is a polyethylene film grafted with acrylic acid by electron beam irradiation, and organic glass which is made by radiation polymerisation of methacrylic ester monomers, have been marketed. A new type of adsorbent prepared with the help of electron beam radiation processing is being developed for the recovery of uranium from sea water.

T. S. Murthy (India) described the design and development of a large range of laboratory and pilot scale gamma irradiators for radiation processing research in India. The radiation chemical process developed for polymerisation of trioxane is promising for industrial scale up. Radiation processes have also been developed for the production of polyacrylamide, radiation grafting of vinyl polymers to improve the properties of synthetic fibres, and for woodplastic composites. Radiation sterilisation of medical products is a commercial activity in India for over a decade. India is building a radiation plant for hygienisation of sewage sludge at Baroda. This plant with a loading of 400,000 Ci of cobalt-60 is designed to treat 110 m^3/d of digested sludge.

G. B. Nadkarni (India) indicated that the research programmes in India on radiation preservation of potatoes, onions, fish and fruit have reached a stage of commercial application. *K. Krishnamurthy* (India) discussed the design aspects of food irradiators.

Nucleonic gauging

In this session, there were three invited papers followed by rapporteurs review of seven other contributions. *P. J. Matthew* (Australia) reviewed extensively the recent developments in the application of nuclear instruments in mineral exploration, mining and processing. In gamma-gamma logging where corrections for borehole diameter are needed, a gamma back scatter spectral analysis method has been described. *Matthew* also described the development of a natural gamma ray interface gauge for green liquor and red mud. This is of particular importance to Bayer leaching process for production of alumina from bauxite.

T. Sumi (Japan), discussing the status of nucleonic gauging in Japan indicated that nearly 50% of 6000 nucleonic gauges are used in steel, paper and chemical industries. A pipe wall thickness gauge using three sets of sources and detectors has been described. A new type of moisture gauge has been developed for moisture measurement in coke for blast furnaces utilising the transmission of both fast neutrons and gamma rays from a Cf-252 source.

Madan Lal and *Choudhury* (India) investigated an XRF method of analysis of thick stainless steel samples incorporating both enhancement and adsorption effects of the matrix.

Non-destructive testing

K. Sauerwein (FRG) presented a comprehensive survey of recent advances in isotope radiography equipment. He described in detail the equipment developed by his organisation including the isotope pipeline crawlers.

G. Singh and co-workers (India) discussed the gammagraphy techniques developed for a variety of inspection requirements. These included man-hole nozzle welds, radioactive components, aircraft structures and propeller blades in ships.

A. D. Naik and co-workers (India) reported on the development of a kilo-curie cobalt-60 radiography exposure device for use in heavy engineering industry.

Radiotracer applications

R. L. Ajmera and colleagues (India) reviewed the applications of radiotracers in Indian industry. In chemical industries, there are many applications of determination of process parameters in chemical plants, location of leaks in buried pipelines and mercury inventory in electrolytic cells. Other applications include determination of efficiencies of hydraulic turbines, and measurement of wear of machine components.

A. K. Gondal and *P. C. Nautiyal* (India) described a radiotracer technique for the simultaneous measurement of wear of chrome and iron in a chrome plated cast iron compression ring.

J. C. Mishra and *A. S. Murdeshwar* (India) applied the axial dispersion model and the fractional tanks model to the radiotracer data obtained in the residence time distribution study on a fluid bed dryer. They have also applied a mathematical model to the results of radiotracer experiments on the grinding characteristics of a ball mill and showed that grinding obeys first order kinetics.

Economics

M. Kobayashi and *J. Guizerix* (IAEA) presented an analysis of the economics of applications of radioisotopes and radiation technology in industry. They showed that the cost to benefit ratio in the case or nucleonic gauging varies from 3 to 20. The prosperity of isotope tracer service organisations in Great Britain and France is indicative of the profitability of radiotracer applications.

In most of the commercialised electron beam radiation processes such as cross-linking of wire and cable, polyethylene, curings of surface coatings etc, the electron beam process is cheaper for large production capacities. In the case of sterilisation of medical products also, radiation, besides being simpler and more reliable, is also cheaper compared to ETO at high capacities.

Finally I may add a few lines on the organisational aspects of the conference. This is the first time that an International Conference has been organised on this subject in a developing country. The fact that the Conference attracted the presence of senior participants from so many countries alongwith a large cross-section of members from Indian industry is clearly indicative that the benefits of isotope applications are having their impact in India where rapid industrial development is taking place. The conference was held in the luxurious setting of the Taj Mahal Hotel. The excellent organisation by the NAARRI and the lavish hospitality offered is clearly indicative of the strong support industry is providing for this new technology.

V. K. Iya – India

Received October 23, 1984

Isotopenpraxis 21 (1985) 4, S. 151 bis 152

Buchbesprechungen

Specification and Design of Software Systems Conference on Operating Systems, Visegrad, Hungary, January 23–27, 1982, Proceedings

Ed.: E. Knuth, E. J. Neuhold. Berlin – Heidelberg – New York – Tokyo: Springer 1983. 153 S. (Lecture Notes in Computer Science 152); kart. DM 23,– ; approx. US $ 10.00

Dieser Band enthält 9 Zusammenfassungen von Vorträgen, die auf der im Titel genannten Konferenz unter dem Gesichtspunkt "System Specification and Design" gehalten wurden.

Generell besteht das Anliegen der Beiträge in dem Bemühen, große Softwaresysteme überschaubar zu entwickeln und umfangreiche Datenbestände so zu strukturieren, daß mit ihnen effizient operiert werden kann.

Der Band ist für Spezialisten auf dem Gebiet der Softwareproduktion geeignet, sich einen Überblick zu neuen Tendenzen in diesem Gebiet zu verschaffen. Eine erste Orientierung möge die folgende Übersicht geben:

Mate, L. L., u. a.: System Cars and its Description Language. CARS (Computer Aid for Recursive Synthesis) ist ein Softwarepaket zum top-down Entwurf digitaler

Systeme (Schaltkreise). Dieses Paket darf als ausgereiftes Produkt bezeichnet werden. Sprachelemente und Prozeduren zur Verifikation des Entwurfs werden demonstriert.

Knuth, E.: Software Structuring — A Pragmatic Approach. Ausgehend von der Notwendigkeit, „industriemäßig" große Softwaresysteme zu produzieren, wird in diesem Beitrag ein überzeugender Ansatz vorgestellt, allgemeine Entwurfsprinzipien zu formulieren. Grundgedanke ist der top-down Entwurf in Komponenten mit einem Minimum an Wechselwirkungen. Regeln werden im einzelnen vorgestellt.

Neuhold, E. J.: Methodologies for Event and Message Based Application Systems. Dieser Beitrag stellt eine Erweiterung von Techniken zum Entwurf von Systemsoftware vor. Die Erweiterung besteht in der Einbeziehung paralleler, kooperierender Prozesse und schließt sowohl die Datenfluß- als auch die Steuerungsstrategien ein. Die Umsetzung des vorgeschlagenen Petrinetzkonzepts auf bekannte Methoden wird im einzelnen beschrieben.

Balogh, K. u. a.: Software Development in LDM. LDM (**L**ogic based **D**evelopment **M**ethod) ist ein Entwurfssystem, das auf den Ideen der logischen Programmierung (PROLOG) und der "Vienna Development Method" aufbaut. Die Methode ist deduktiv und führt in einem iterativen Prozeß zur notwendigen Konkretheit; Anwendungsbeispiele werden angegeben.

Halassy, B.: SZIAM — A Data Model Design Aid. SZIAM (**SZ**AMOK **I**nternational Computer Education and Information Centre **I**nformation **A**nalysis **M**ethod) ist Teil eines komplexen Systems zur Entwicklung von Informationssystemen. Das zugrundeliegende Datenmodell und das Softwarepaket selbst werden vorgestellt.

Kramer, J.: Distributed Computer Systems: Two Views. In diesem Beitrag werden sowohl theoretisch als auch praktisch Grundfragen der Softwareentwicklung für verteilte Systeme erörtert. Konkret wird auf den Entwurf eines industriellen Prozeßsteuerungssystems eingegangen.

Ludewig, J.: ESPRESO — A System for Process Control Software Spezifikation. ESPRESO — System zur **E**rstellung der **S**pecification von **Pr**ozeßrechner-**So**ftware. Das System wird in seinem Konzept und seiner Anwendbarkeit beschrieben. Hervorgehoben wird die Spezifikation eines Systems zur Kernreaktorsicherheit.

Mitchell, R. J.: Programm Design — A Practical Approach. Der Beitrag zeigt, wie abstrakte Datentypen als Grundlage für den top-down Entwurf von Programmen verwendet werden können. Konkrete Vorschläge für die Implementierung geteilter abstrakter Datentypen in den Sprachen EDISON und Ada werden in dem folgenden Beitrag präsentiert.

Kozma, L. u. a.: On Implementation Problems of Shared Abstract Data Types.

J. Born

Emanation Thermal Analysis and Other Radiometric Emanation Methods

V. Balek, J. Tölgyessy. Budapest: Akadémiai Kiadó 1984, Join edition published by Akadémiai Kiadó, Budapest, and Elsevier Science Publishers B. V., Amsterdam. 196 Abb., 304 S.; geb. Ft 340,—

Im Zuge der Entdeckung der natürlich vorkommenden Radioelemente wurde auch frühzeitig die „Emanation" (^{222}Rn), ein radioaktives, gasförmiges Zwischenprodukt der natürlich vorkommenden Uran-Zerfallsreihe, von Mme. *Curie* gefunden. Es war *Otto Hahn* mit seinen Schülern, der in den 20er und 30er Jahren die sogenannte *Hahn*sche Emanationsmethode entwickelte. Diese Bezeichnung rührt von der alten Nomenklatur für die Radioisotope ^{222}Rn, ^{220}Rn und ^{219}Rn als ^{222}RaEm, ^{220}ThEm und ^{219}AcEm her. Die Methode diente u. a. zur Erfassung von Kristall-, Oberflächen-, Strukturveränderungen und Schmelzpunkten.

Obwohl, entsprechend der praktischen Bedeutung dieser Methode, eine umfangreiche Literatur existiert, bringt das vorliegende Werk neuere Beiträge zur Theorie und zur Entwicklung in den 70er Jahren auf diesem Gebiet. Es gliedert sich in folgende 8 Kapitel: Die Grundprinzipien der Methode und die historische Entwicklung sind in Kapitel 1 dargestellt. Kapitel 2 beschreibt die Herstellungsverfahren der festen Emanationspräparate. Die Kapitel 3 und 4 bringen die theoretischen Grundlagen der Edelgasfreisetzung aus Feststoffen mittels eines Vorläufernuklids bzw. die Freisetzung ohne Mutternuklid. Kapitel 5 stellt die Meßtechniken und Apparaturen und deren Weiterentwicklung vor. Im Kapitel 6 sind die prinzipiellen Anwendungsmöglichkeiten der „Emanation Thermal Analysis", deren Möglichkeiten und Grenzen, aufgezeigt. Schließlich werden in den Kapiteln 7 und 8 die praktischen Anwendungsmöglichkeiten der Emanationsmethoden in der analytischen Chemie und in der Technik anhand zahlreicher Beispiele erläutert. Abgeschlossen wird das Ganze mit einer perspektivischen Einschätzung der Emanationsmethoden.

Ob sich aber die aufgezeigten Perspektiven in der Festkörperphysik, -chemie, Polymerenchemie, Metallurgie und Mineralogie erfüllen werden oder ob es bei der bisher geringen Anwendungsbreite bleibt, wird die Zukunft zeigen. Auch hier wird deutlich, daß das Emanationsvermögen fester Präparate von einer Vielzahl schwer zu kontrollierender Faktoren beeinflußt wird. Diese Faktoren bestimmen aber letztendlich die Anwendungsbreite in der Praxis.

Geht man von der historischen Entwicklung der Emanationsmethode, nämlich der Anwendung natürlich vorkommender Radioisotope, aus, dann geht das breit angelegte Buch doch weit — vielleicht zu weit — über dieses Ziel hinaus. Was auch immer man unter dem Begriff „Emanation" versteht und unter welchem Blickwinkel ein Autor die Dinge sehen will, der Begriff „Emanation Thermal Analysis" (ETA) ist nicht gebräuchlich. Mir will scheinen, daß Radioaktivitätsmessungen an Baumaterial, die radiometrische Redoxtitration, Korrosionsuntersuchungen, Spurenelementanalyse usw. nicht typisch für die Emanationsmethoden sind. Auch Herr *Tölgyessy* hat als Autor bzw. Mitautor anderer Bücher eine andere methodische Zuordnung gewählt. So findet man dort die Emanationsmethoden bei den natürlich vorkommenden Radionukliden, die Clathrate (Kryptonate) unter den Radioreleasemethoden und die Freisetzung radioaktiver Stoffe (nicht thermisch) zur Endpunktserkennung unter der radiometrischen Titration abgehandelt.

Der Wert dieses Buches liegt in der Sammlung und Einbeziehung der Literatur der 60er und 70er Jahre. Dadurch ergeben sich insbesondere neue Gesichtspunkte zum Stand der Theorie, zu der Entwicklung auf dem Gerätesektor und zu den Applikationsmöglichkeiten.

Insgesamt gesehen, eine nützliche Zusammenfassung der weit gestreuten Literatur, die dem Radioanalytiker und Isotopenanwender sowie den Festkörperforschern, aber auch den Studenten der Radiochemie und -analytik empfohlen werden kann.

H. Koch

ISOTOPENPRAXIS

Band 21 1985 Heft 4

Contents / Inhalt

► Language of Publication — ► Publikationssprache

Isotopenpraxis is indexed in Current Contents/PC & ES, Science Citation Index, and INIS Atomindex

FSC
www.fsc.org
MIX
Papier | Fördert gute Waldnutzung
FSC® C083411

Zeitfracht Medien GmbH
Ferdinand-Jühlke-Straße 7
99095 Erfurt, Deutschland
produktsicherheit@kolibri360.de